KB070136

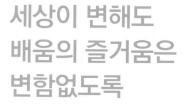

세상이 변해도
배움의 즐거움은
변함없도록

시대는 빠르게 변해도
배움의 즐거움은
변함없어야 하기에

어제의 비상은
남다른 교재부터
결이 다른 콘텐츠
전에 없던 교육 플랫폼까지

변함없는 혁신으로
교육 문화 환경의 새로운 전형을
실현해왔습니다.

비상은 오늘, 다시 한번
새로운 교육 문화 환경을 실현하기 위한
또 하나의 혁신을 시작합니다.

오늘의 내가 어제의 나를 초월하고
오늘의 교육이 어제의 교육을 초월하여
배움의 즐거움을 지속하는 혁신,

바로, 메타인지 기반 완전 학습을.

상상을 실현하는 교육 문화 기업 비상

메타인지 기반 완전 학습

초월을 뜻하는 meta와 생각을 뜻하는 인지가 결합한 메타인지는
자신이 알고 모르는 것을 스스로 구분하고 학습계획을 세우도록 하는
궁극의 학습 능력입니다. 비상의 메타인지 기반 완전 학습 시스템은
잠들어 있는 메타인지를 깨워 공부를 100% 내 것으로 만들도록 합니다.

4주 완성
1-2 공부 계획표

계획표대로 공부하면 4주 만에 한 학기 내용을 완성할 수 있습니다. 4주 완성에 도전해 보세요.

1주

1. 100까지의 수			2. 덧셈과 뺄셈(1)	
1강 6~11쪽	**2강** 12~17쪽	**3강** 18~23쪽	**4강** 24~29쪽	**5강** 30~35쪽
확인 ✓	확인 ✓	확인 ✓	확인 ✓	확인 ✓

2주

2. 덧셈과 뺄셈(1)	3. 모양과 시각			
6강 36~41쪽	**7강** 42~47쪽	**8강** 48~51쪽	**9강** 52~55쪽	**10강** 56~61쪽
확인 ✓	확인 ✓	확인 ✓	확인 ✓	확인 ✓

3주

4. 덧셈과 뺄셈(2)				5. 규칙 찾기
11강 62~67쪽	**12강** 68~71쪽	**13강** 72~77쪽	**14강** 78~83쪽	**15강** 84~91쪽
확인 ✓	확인 ✓	확인 ✓	확인 ✓	확인 ✓

4주

5. 규칙 찾기		6. 덧셈과 뺄셈(3)		
16강 92~97쪽	**17강** 98~103쪽	**18강** 104~111쪽	**19강** 112~117쪽	**20강** 118~123쪽
확인 ✓	확인 ✓	확인 ✓	확인 ✓	확인 ✓

4주 완성 도전!

교과서 개념 잡기

초등 수학

1·2

수학 교과서 개념 학습

교과서 개념

4 받아내림이 없는 (몇십) − (몇십), (몇십몇) − (몇십몇)을 알아볼까요

1 지우개는 풀보다 몇 개 더 많은지 알아봅시다.

❶ 교과서 활동으로
개념을 쉽게 이해해요.

지우개가 35개,
풀이 12개 있어.

(1) 지우개는 풀보다 몇 개 더 많은지 식으로 나타내 보세요.

$$35 - \boxed{}$$

(2) 35 − 12를 어떻게 계산하는지 알아보세요.

십 모형	일 모형

$$\begin{array}{cc} & 3 \quad 5 \\ - & 1 \quad 2 \\ \hline \end{array}$$

십 모형은 십 모형끼리,
일 모형은 일 모형끼리 빼요.

$$\begin{array}{cc} & 3 \quad 5 \\ - & 1 \quad 2 \\ \hline & \boxed{} \; \boxed{} \end{array}$$

(3) 지우개는 풀보다 몇 개 더 많을까요?

(   )

❷ 한눈에 쏙!
개념을 완벽하게
정리해요.

◆ 받아내림이 없는 (몇십) − (몇십), (몇십몇) − (몇십몇)

10개씩 묶음의 수끼리 뺀 수, 낱개의 수끼리 뺀 수를 내려
씁니다.

$$\begin{array}{cc} & 3 \quad 5 \\ - & 1 \quad 2 \\ \hline & 2 \quad 3 \end{array}$$

수학 익힘 문제 학습

 **기본 문제**

❸ 수학 익힘의
기본 문제를 풀어요.

1 방울토마토는 키위보다 몇 개 더 많은지 뺄셈을 해 보세요.

$32 - 20 = \boxed{}$

Basic Book에서
개념을 다져요.

2 뺄셈을 해 보세요.

(1) $\begin{array}{r} 7\,0 \\ -\ 3\,0 \\ \hline \end{array}$

(2) $\begin{array}{r} 8\,6 \\ -\ 3\,1 \\ \hline \end{array}$

➕ 뺄셈을 해 보세요. [1~12]

1 $50 - 10 = \boxed{}$

❹ 핵심 개념만
모아 확인해요.

개념 확인  **실력 문제**

받아내림이 없는 (몇십몇)−(몇), (몇십)−(몇십), (몇십몇)−(몇십몇)

10개씩 묶음의 수끼리 뺀 수, 낱개의 수끼리 뺀 수를 내려 씁니다.

$$\begin{array}{r} 2\,6 \\ -\ \ 3 \\ \hline 2\,3 \end{array} \qquad \begin{array}{r} 4\,0 \\ -\,2\,0 \\ \hline 2\,0 \end{array} \qquad \begin{array}{r} 2\,4 \\ -\,1\,1 \\ \hline 1\,3 \end{array}$$

❺ 수학 익힘의
실력 문제를 풀어요.

1 뺄셈을 해 보세요.

(1) $\begin{array}{r} 4\,8 \\ -\ \ 7 \\ \hline \end{array}$

(2) $\begin{array}{r} 6\,9 \\ -\,1\,5 \\ \hline \end{array}$

4 그림을 보고 빈칸에 알맞은
으세요.

26

36

교과서 역량 문제 ✅

12 두 상자에서 수를 하나씩 골라 식을 써
보세요.

🔁 두 상자에서 수를 골라 만들 수 있는 덧셈식과
뺄셈식은 여러 가지가 나옵니다.

차례

1

100까지의 수

10개씩 묶음 3개

30   삼십, 서른

10개씩 묶음 2개

20   이십, 스물

· **30**은 **20**보다 **큽**니다. → **30 > 20**
· **20**은 **30**보다 **작습**니다. → **20 < 30**

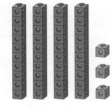

10개씩 묶음 4개, 낱개 3개

43   사십삼, 마흔셋

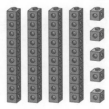

10개씩 묶음 4개, 낱개 5개

45   사십오, 마흔다섯

· **45**는 **43**보다 **큽**니다. → **45 > 43**
· **43**은 **45**보다 **작습**니다. → **43 < 45**

60, 70, 80, 90을 알아볼까요

1 사과가 몇 개인지 세어 보려고 합니다. ☐ 안에 알맞은 수를 써넣고, 알맞은 수에 ○표 해 봅시다.

사과는 10개씩 묶음 ☐ 개입니다.

⇨ 사과는 (50 , 60)개입니다.

쓰기	60	70	80	90
읽기	육십 **또는** 예순	칠십 **또는** 일흔	팔십 **또는** 여든	구십 **또는** 아흔

2 구슬의 수를 세어 수를 쓰고, 그 수를 바르게 읽은 것에 ○표 해 봅시다.

(1)

☐ ⇨ (육십 , 칠십)

(2)

☐ ⇨ (여든 , 아흔)

1 수를 세어 빈칸에 알맞은 수를 써넣으세요.

(1)

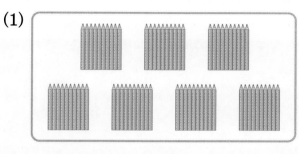

10개씩 묶음	낱개
	0

⇨ [ ]

(2)

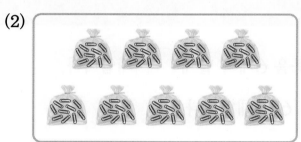

10개씩 묶음	낱개

⇨ [ ]

2 10개씩 묶어 세어 보고, ☐ 안에 알맞은 수를 써넣으세요.

10개씩 묶음 ☐ 개 ⇨ [ ]

3 알맞게 선으로 이어 보세요.

80 ·	· 육십 ·	· 아흔
60 ·	· 팔십 ·	· 예순
90 ·	· 구십 ·	· 여든

보충해 봐!
Basic Book
2쪽

1. 100까지의 수 **9**

99까지의 수를 알아볼까요

1 귤이 몇 개인지 세어 보려고 합니다. ☐ 안에 알맞은 수를 써넣고, 알맞은 수에 ○표 해 봅시다.

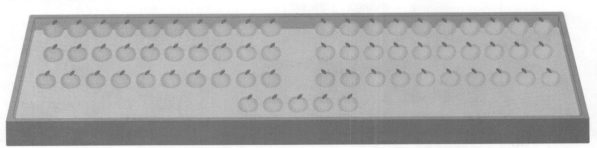

귤은 10개씩 묶음 6개와 낱개 ☐ 개입니다.

➡ 귤은 (56 , 65)개입니다.

> · 10개씩 묶음 6개와 낱개 5개를 **65**라고 합니다.
> · 65는 **육십오** 또는 **예순다섯**이라고 읽습니다.

2 사탕의 수를 세어 수를 쓰고, 그 수를 바르게 읽은 것에 ○표 해 봅시다.

(1)

63   ➡ (육십삼 , 육십사)

☐   ➡ (육십사 , 육십오)

•사탕이 1개
더 있습니다.

(2)

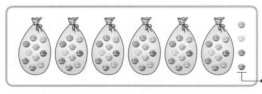

☐   ➡ (쉰하나 , 쉰둘)

☐   ➡ (예순하나 , 예순둘)

•사탕이 10개 더 있습니다.

1 수를 세어 빈칸에 알맞은 수를 써넣으세요.

(1)

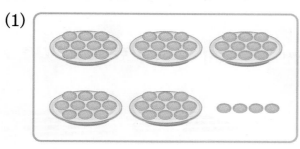

10개씩 묶음	낱개
	4

⇨ [ ]

(2)

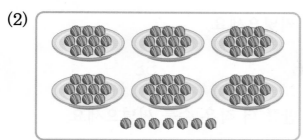

10개씩 묶음	낱개

⇨ [ ]

2 10개씩 묶어 세어 보고, ☐ 안에 알맞은 수를 써넣으세요.

10개씩 묶음 [ ]개와 낱개 [ ]개 ⇨ [ ]

3 알맞게 선으로 이어 보세요.

56 ·   · 팔십삼 ·   · 쉰여섯

94 ·   · 구십사 ·   · 여든셋

83 ·   · 오십육 ·   · 아흔넷

보충해 봐!
Basic Book
3쪽

3 수의 순서를 알아볼까요

1 빠진 가게의 번호를 알아봅시다.

(1) 빈칸에 빠진 가게의 번호를 써넣으세요.

| 54 | 55 | 56 | | 58 | | 60 |

(2) 빈칸에 |만큼 더 큰 수와 |만큼 더 작은 수를 써넣으세요.

| |만큼 더 작은 수 | | |만큼 더 큰 수 |

| | 58 | |

2 빈칸에 알맞은 수를 써넣어 수의 순서를 알아봅시다.

51	52		54	55		57	58	59	60
61	62	63	64		66	67	68	69	
71	72	73	74	75	76	77		79	80
81		83		85	86	87	88	89	90
	92	93	94	95	96		98	99	100

- 99보다 1만큼 더 큰 수를 **100**이라고 합니다.
- **100**은 **백**이라고 읽습니다.

1 빈칸에 알맞은 수를 써넣으세요.

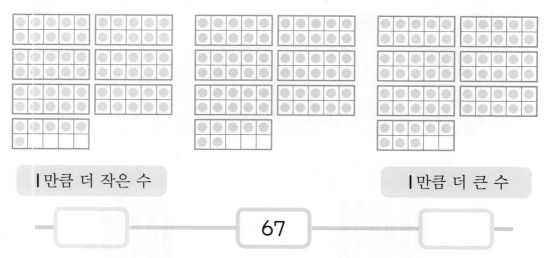

|만큼 더 작은 수 |만큼 더 큰 수

[   ] ——— 67 ——— [   ]

2 수의 순서대로 빈칸에 알맞은 수를 써넣으세요.

(1) 72 73 [ ] 75 [ ]

(2) 86 [ ] 88 89 [ ]

3 수를 순서대로 이어 그림을 완성해 보세요.

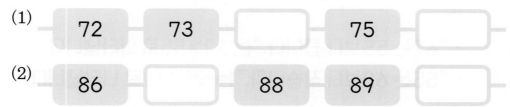
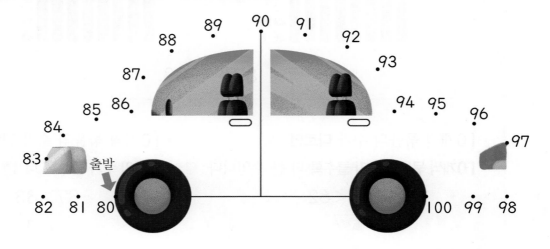

보충해 봐!
Basic
Book
4쪽

수의 크기를 비교해 볼까요

1 호두와 밤의 수를 비교하려고 합니다. ☐ 안에 알맞은 수를 써넣고, 알맞은 말에 ◯표 해 봅시다.

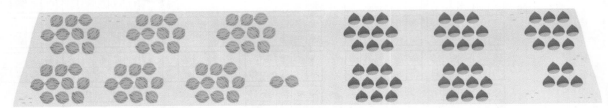

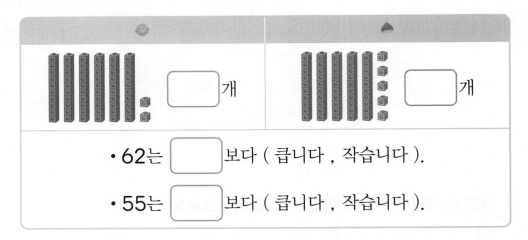

· 62는 ☐ 보다 (큽니다 , 작습니다).

· 55는 ☐ 보다 (큽니다 , 작습니다).

- · "62는 55보다 큽니다."는 **62>55**로 나타냅니다.
- · "55는 62보다 작습니다."는 **55<62**로 나타냅니다.

2 87과 83의 크기를 비교하여 ◯ 안에 >, <를 알맞게 써넣어 봅시다.

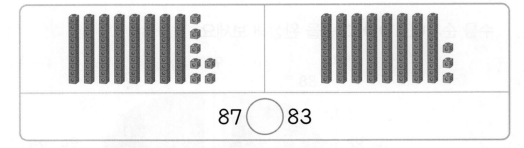

87 ◯ 83

- · 10개씩 묶음의 수가 **다르면**
  10개씩 묶음의 수가 클수록 더 큰 수입니다.
  55<62
  5<6

- · 10개씩 묶음의 수가 **같으면**
  낱개의 수가 클수록 더 큰 수입니다.
  87>83
  7>3

기본 문제

1 두 수의 크기를 비교하여 ◯ 안에 >, <를 알맞게 써넣고, 알맞은 말에 ◯표 하세요.

65 ◯ 69	· 65는 69보다 (큽니다 , 작습니다).
	· 69는 65보다 (큽니다 , 작습니다).

2 수 배열을 보고 ◯ 안에 >, <를 알맞게 써넣으세요.

72 — 73 — 74 — 75 — 76 — 77 — 78

73 ◯ 76

3 두 수의 크기를 비교하여 ◯ 안에 >, <를 알맞게 써넣으세요.

(1) 80 ◯ 70   (2) 92 ◯ 96

4 세 수 중 가장 큰 수를 구하려고 합니다. 알맞은 말이나 수에 ◯표 하세요.

82   60   73

(1) 10개씩 묶음의 수를 비교하면 8이 가장 (큽니다 , 작습니다).

(2) 82, 60, 73 중 가장 큰 수는 (82 , 60 , 73)입니다.

보충해 봐!
Basic Book
5쪽

5 짝수와 홀수를 알아볼까요

1 젓가락을 둘씩 짝을 지을 때, 남는 것이 있는 수와 남는 것이 없는 수를 알아봅시다.

(1) 둘씩 짝을 지어 보세요.

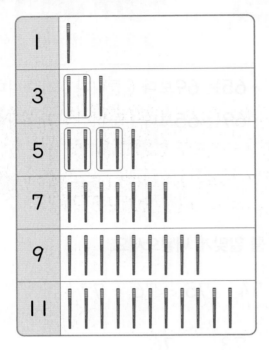
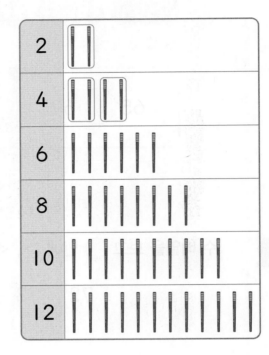

(2) 알맞은 수에 ○표 하세요.

> • 둘씩 짝을 지을 때 남는 것이 없는 수는
>   (1 , 2 , 3 , 4 , 5 , 6 , 7 , 8 , 9 , 10 , 11 , 12)입니다.
> • 둘씩 짝을 지을 때 남는 것이 있는 수는
>   (1 , 2 , 3 , 4 , 5 , 6 , 7 , 8 , 9 , 10 , 11 , 12)입니다.

> • 2, 4, 6, 8, 10, 12와 같이 둘씩 짝을 지을 때 남는 것이 없는 수를 **짝수**라고 합니다.
> • 1, 3, 5, 7, 9, 11과 같이 둘씩 짝을 지을 때 남는 것이 있는 수를 **홀수**라고 합니다.
>
> **참고** 짝수는 낱개의 수가 0, 2, 4, 6, 8인 수이고, 홀수는 낱개의 수가 1, 3, 5, 7, 9인 수입니다.

기본 문제

▶ 정답과 풀이 3쪽

1 둘씩 짝을 지어 보고, 짝수인지 홀수인지 ◯표 하세요.

(1)
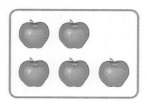

5는 (짝수 , 홀수)입니다.

(2)
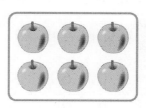

6은 (짝수 , 홀수)입니다.

2 홀수에 ◯표 하세요.

(1)

| 1 | 8 |

(2)

| 12 | 19 |

3 짝수는 빨간색, 홀수는 파란색으로 이어 보세요.

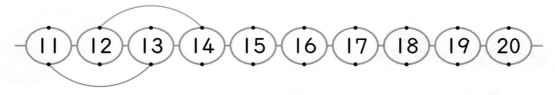

4 짝수는 빨간색, 홀수는 파란색으로 칠해 보세요.

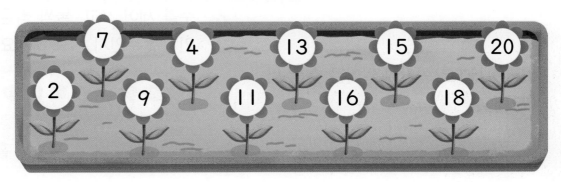

보충해 봐!
Basic
Book
6쪽

개념 확인 ∞ 실력 문제

✓ 99까지의 수

10개씩 묶음	낱개	쓰기	읽기
6	0	60	육십, 예순
7	0	70	칠십, 일흔
8	0	80	팔십, 여든
9	0	90	구십, 아흔
7	2	72	칠십이, 일흔둘
9	4	94	구십사, 아흔넷

✓ 100

100(백): 99보다 [ ] 만큼 더 큰 수

✓ 수의 크기 비교

• 10개씩 묶음의 수가 다르면 10개씩 묶음의 수가 클수록 더 큰 수입니다.

64 < 71
6<7

• 10개씩 묶음의 수가 같으면 낱개의 수가 클수록 더 큰 수입니다.

89 ◯ 82
9>2

✓ 짝수와 홀수

• 짝수: 2, 4, 6, 8, 10, 12와 같이 둘씩 짝을 지을 때 남는 것이 없는 수
• 홀수: 1, 3, 5, 7, 9, 11과 같이 둘씩 짝을 지을 때 남는 것이 있는 수

---

1 수를 세어 빈칸에 알맞은 수를 써넣으세요.

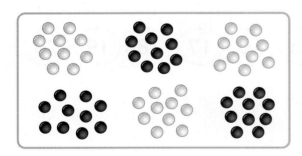

10개씩 묶음	낱개

⇨ [ ]

2 수의 순서대로 빈칸에 알맞은 수를 써넣으세요.

77 — [ ] — 79 — [ ]

3 그림을 보고 수를 상황에 알맞게 읽은 것에 ◯표 하세요.

열쇠 번호는 (예순여덟 , 육십팔) 번입니다.

4 수를 세어 쓰고, 둘씩 짝을 지어 짝수인지 홀수인지 ◯표 하세요.

[ ] (짝수 , 홀수)

5 수를 세어 쓰고, 알맞게 선으로 이어 보세요.

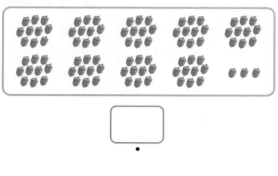

여든셋   아흔셋

9 수를 순서대로 이어 그림을 완성해 보세요.

6 80이 되도록 ●를 그려 넣으세요.

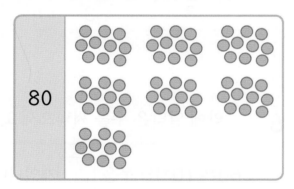

10 홀수만 모여 있는 상자에 ◯표 하세요.

| 16 | 8 | 20 | | 15 | 7 | 9 |

(   )   (   )

7 두 수의 크기를 비교하여 ◯ 안에 >, <를 알맞게 써넣으세요.

(1) 58 ◯ 85   (2) 97 ◯ 96

11 가장 큰 수에 ◯표, 가장 작은 수에 △표 하세요.

83   87   82

➕ 10개씩 묶음의 수가 같으면 낱개의 수가 클수록 더 큰 수입니다.

8 짝수를 모두 찾아 ◯표 하세요.

4   5   17   18

1 수를 세어 ☐ 안에 알맞은 수를 써넣으세요.

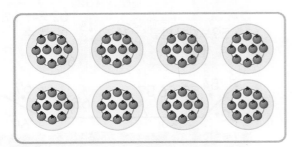

10개씩 묶음 ☐개 ⇨ ☐

2 수를 세어 빈칸에 알맞은 수를 써넣으세요.

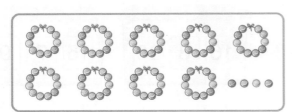

10개씩 묶음	낱개

⇨ ☐

3 알맞게 선으로 이어 보세요.

90　　　　　70

구십　　　칠십　　　육십

일흔　　　아흔　　　여든

4 ☐ 안에 알맞은 수를 써넣으세요.

99보다 1만큼 더 큰 수는

☐ 입니다.

5 빈칸에 알맞은 수를 써넣으세요.

10개씩 묶음	낱개	수
6	3	
7	3	
8	3	

6 ☐ 안에 알맞은 수를 써넣으세요.

60은 10개씩 묶음 ☐개입니다.

7 수를 잘못 읽은 것은 어느 것일까요?

(　　)

① 53 - 쉰셋
② 68 - 예순여덟
③ 79 - 일흔아홉
④ 86 - 육십팔
⑤ 96 - 구십육

◐ 정답과 풀이 **4**쪽

점수 [ ] 확인 [ ]

8 알맞은 말에 ○표 하세요.

> 62 < 68
>
> 62는 68보다 (큽니다 , 작습니다).
> 68은 62보다 (큽니다 , 작습니다).

9 공의 수를 세어 짝수인지 홀수인지 ○표 하세요.

(짝수 , 홀수)

10 빈칸에 1만큼 더 큰 수와 1만큼 더 작은 수를 써넣으세요.

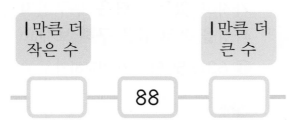

1만큼 더 작은 수		1만큼 더 큰 수
[ ]	88	[ ]

11 홀수에 ○표 하세요.

3	4

12 수의 순서대로 빈칸에 알맞은 수를 써넣으세요.

69 — 70 — [ ] — [ ]

잘 틀리는 문제 🔍

13 두 수의 크기를 비교하여 ○ 안에 >, <를 알맞게 써넣으세요.

78 ◯ 84

14 홀수를 따라가 보세요.

15 한 상자에 10개씩 들어 있는 참외가 7상자 있습니다. 참외는 모두 몇 개 있을까요?

( )

1 단원

3강

16 귤이 10개씩 묶음 6개와 낱개 7개 있습니다. 귤은 모두 몇 개 있을까요?

(   )

잘 틀리는 문제 🔍

17 짝수만 모여 있는 것에 ◯표 하세요.

| 6   10   14 | 13   9   17 |

(   )   (   )

18 가장 큰 수에 ◯표, 가장 작은 수에 △표 하세요.

| 98   93   94 |

💬 **서술형 문제**

19 나타내는 수가 <u>다른</u> 하나를 찾아 쓰려고 합니다. 풀이 과정을 쓰고 답을 구해 보세요.

| 칠십오   57   일흔다섯 |

❶ 수로 나타내기

풀이 _____

_____

❷ 나타내는 수가 <u>다른</u> 하나를 찾아 쓰기

풀이 _____

_____

답 _____

20 구슬을 준수는 63개, 세희는 59개 가지고 있습니다. 구슬을 더 많이 가지고 있는 사람은 누구인지 풀이 과정을 쓰고 답을 구해 보세요

❶ 63과 59의 크기 비교하기

풀이 _____

_____

❷ 구슬을 더 많이 가지고 있는 사람 구하기

풀이 _____

_____

답 _____

▶ 정답 5쪽

문화 중재자

문화 중재자는 일자리 부족, 전쟁, 기후 위기로 자기 나라를 떠나
다른 나라로 이주한 사람들이 새로운 국가에 적응할 수 있도록 돕는 일을 해요.
친절한 사람, 다른 사람을 잘 이해하는 사람에게 꼭 맞는 직업이에요!

◉ 그림에서 신발, 당근, 붓, 사과를 찾아보세요.

2

덧셈과
뺄셈(1)

덧셈

2+1=3

- **2** 더하기 **1**은 **3**입니다.
- **2**와 **1**의 합은 **3**입니다.

뺄셈

5-3=2

- **5** 빼기 **3**은 **2**입니다.
- **5**와 **3**의 차는 **2**입니다.

세 수의 덧셈을 해 볼까요

 쌓여 있는 컵은 모두 몇 개인지 알아봅시다.

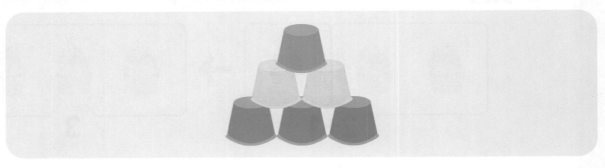

(1) 층별로 쌓여 있는 컵의 수를 알아보세요.

1층: 3개 　　　2층: ☐개 　　　3층: ☐개

(2) 식으로 나타내 보세요.

3+☐+☐

(3) 세 수의 덧셈을 해 보세요.

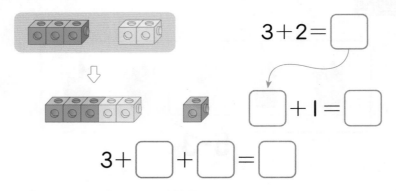

$$3+2=\boxed{}$$

$$\boxed{}+1=\boxed{}$$

$$3+\boxed{}+\boxed{}=\boxed{}$$

(4) 쌓여 있는 컵은 모두 몇 개일까요? 　　　　(　　　　　　　　　)

◆ 세 수의 덧셈

세 수의 덧셈은 **앞의 두 수를 먼저** 더하고,
나온 수에 **나머지 한 수를** 더합니다.

$$3+2+1=6$$
$$3+2=5$$
$$5+1=6$$

○ 정답과 풀이 **5**쪽

기본 문제

1 그림을 보고 세 수의 덧셈을 해 보세요.

(1)

$$2+2+\boxed{}=\boxed{}$$

(2)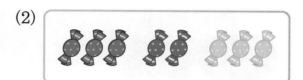

$$3+2+\boxed{}=\boxed{}$$

2
단원
4강

2 알맞은 것을 찾아 선으로 이어 보세요.

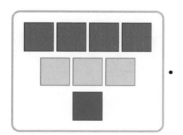 ·

· $4+3+1$ ·

· $3+2+1$ ·

· 7

· 8

· 9

3 ☐ 안에 알맞은 수를 써넣으세요.

(1) $5+1+1=\boxed{}$

$$5+1=\boxed{}$$
$$\boxed{}+1=\boxed{}$$

(2) $1+2+6=\boxed{}$

$$1+2=\boxed{}$$
$$\boxed{}+6=\boxed{}$$

보충해 봐!
Basic
Book
7쪽

세 수의 뺄셈을 해 볼까요

1 은희와 지호가 넘어뜨리고 남은 컵은 몇 개인지 알아봅시다.

(1) 은희와 지호가 각각 넘어뜨린 컵의 수를 알아보세요.

은희: ☐ 개　　　　지호: ☐ 개

(2) 식으로 나타내 보세요.

$$6 - \boxed{} - \boxed{}$$

(3) 세 수의 뺄셈을 해 보세요.

$6 - 1 = \boxed{}$

$\boxed{} - 2 = \boxed{}$

$6 - \boxed{} - \boxed{} = \boxed{}$

(4) 넘어뜨리고 남은 컵은 몇 개일까요?　　　　　(　　　　　　)

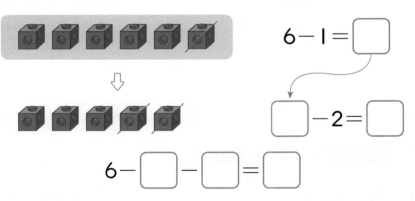

◆ 세 수의 뺄셈

세 수의 뺄셈은 **앞의 두 수를 빼고,**
나온 수에서 **나머지 한 수를 뺍니다.**

$6 - 1 - 2 = 3$

$6 - 1 = 5$

$5 - 2 = 3$

▶ 정답과 풀이 **5쪽**

기본 문제

2 단원

4강

1 그림을 보고 세 수의 뺄셈을 해 보세요.

(1)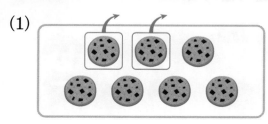

$$7 - 1 - \boxed{} = \boxed{}$$

(2)

$$8 - 2 - \boxed{} = \boxed{}$$

2 알맞은 것을 찾아 선으로 이어 보세요.

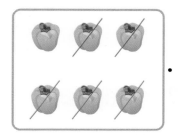

· 9 − 4 − 1 ·

· 6 − 3 − 2 ·

· 1

· 2

· 3

3 ☐ 안에 알맞은 수를 써넣으세요.

(1) $5 - 2 - 1 = \boxed{}$

$$5 - 2 = \boxed{}$$

$$\boxed{} - 1 = \boxed{}$$

(2) $9 - 2 - 2 = \boxed{}$

$$9 - 2 = \boxed{}$$

$$\boxed{} - 2 = \boxed{}$$

보충해 봐!
Basic Book
8쪽

3

10이 되는 더하기를 해 볼까요

1 바닥에 있는 종이는 모두 몇 장인지 알아봅시다.

빨간색 종이는 3장이야.

파란색 종이는 7장이야.

(1) 빨간색 종이의 수에서 파란색 종이의 수만큼 이어 세어 보세요.

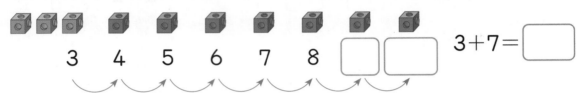

3 4 5 6 7 8 □ □ $3+7=$ □

(2) 파란색 종이의 수에서 빨간색 종이의 수만큼 이어 세어 보세요.

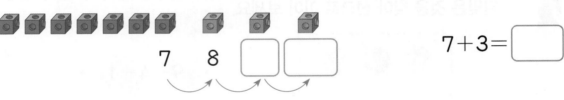

7 8 □ □ $7+3=$ □

(3) 바닥에 있는 종이는 모두 몇 장일까요?   (   )

2 덧셈식으로 나타내고, 알맞은 말에 ○표 해 봅시다.

$1+$ □ $=10$ $9+$ □ $=10$

➡ 두 수를 바꾸어 더하면 합은 (같습니다 , 다릅니다).

◆ 10이 되는 여러 가지 덧셈식

$1+9=10$	$4+6=10$	$7+3=10$
$2+8=10$	$5+5=10$	$8+2=10$
$3+7=10$	$6+4=10$	$9+1=10$

두 수를 바꾸어 더해도 합은 같습니다.

● 정답과 풀이 **6**쪽

기본 문제

1 ☐ 안에 알맞은 수를 써넣으세요.

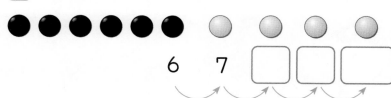

6   7   ☐   ☐   ☐

$6+4=$ ☐

2 그림을 보고 덧셈을 해 보세요.

(1)
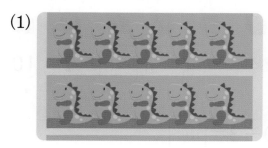

$5+5=$ ☐

(2)

$9+1=$ ☐

3 그림을 보고 알맞은 덧셈식을 만들어 보세요.

 $4+$ ☐ $=10$

 ☐ $+2=10$

2. 덧셈과 뺄셈(1) **31**

10에서 빼기를 해 볼까요

1 바구니에 남은 공은 몇 개인지 알아봅시다.

공 10개 중 3개를 던졌어.

(1) 전체 공의 수에서 훌라후프에 들어간 공의 수만큼 거꾸로 세어 보세요.

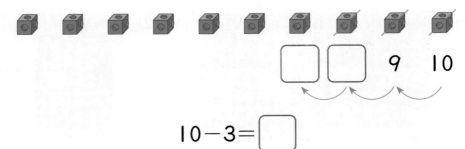

| | | 9 | 10 |

$$10-3=\boxed{}$$

(2) 바구니에 남은 공은 몇 개일까요?

(   )

2 뺄셈식으로 나타내 봅시다.

$$10-2=\boxed{} \qquad\qquad 10-8=\boxed{}$$

◆ 10에서 빼는 여러 가지 뺄셈식

$10-1=9$	$10-4=6$	$10-7=3$
$10-2=8$	$10-5=5$	$10-8=2$
$10-3=7$	$10-6=4$	$10-9=1$

기본 문제

1 ☐ 안에 알맞은 수를 써넣으세요.

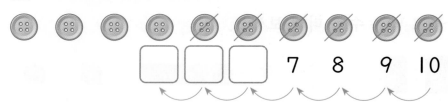

7 8 9 10

$10-6=$ ☐

2 그림을 보고 뺄셈을 해 보세요.

(1)

$10-7=$ ☐

(2)

$10-4=$ ☐

3 그림을 보고 알맞은 뺄셈식을 만들어 보세요.

🍎 $10-$ ☐ $=5$ 🐦 $10-$ ☐ $=9$

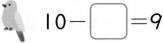
보충해 봐!
Basic Book
10쪽

5 10을 만들어 더해 볼까요

1 수 카드의 수를 모두 더해 봅시다.

(1) 10을 만들고 남은 수를 더해 보세요.

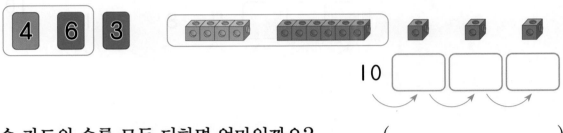

4   6   3

10 [ ] [ ] [ ]

(2) 수 카드의 수를 모두 더하면 얼마일까요?   (   )

2 합을 구하는 방법을 비교하려고 합니다. ☐ 안에 알맞은 수를 써넣고, 알맞은 말에 ○표 해 봅시다.

방법 ① 앞에서부터 순서대로 더해 구하기

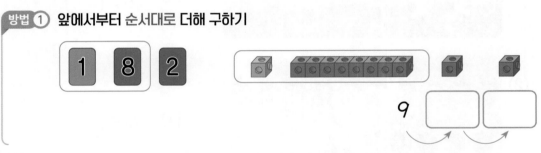

1   8   2

9 [ ] [ ]

방법 ② 뒤의 두 수를 더해 10을 만들고, 10과 나머지 한 수를 더해 구하기

1   8   2

1   [ ]

[ ]

⇨ 앞에서부터 순서대로 더한 결과와 뒤의 두 수를 먼저 더해 10을 만들고 남은 수를 더한 결과는 (같습니다 , 다릅니다).

◆ 10을 만들어 더하기

합이 10이 되는 두 수를 먼저 더해 10을 만들고, 10과 나머지 한 수를 더합니다.

$$4+6+3=10+3=13 \qquad 1+8+2=1+10=11$$

1 ☐ 안에 알맞은 수를 써넣으세요.

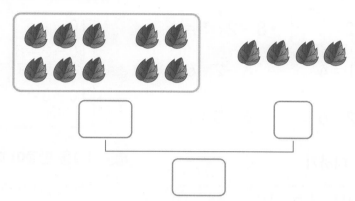

2 그림을 보고 덧셈식을 완성해 보세요.

(1) $10 + \boxed{} = \boxed{}$

(2) $10 + \boxed{} = \boxed{}$

3 10을 만들어 더할 수 있는 식을 모두 찾아 ◯표 하세요.

| $5+2+8$ | $1+4+7$ | $7+3+6$ |

(   )   (   )   (   )

4 ☐ 안에 알맞은 수를 써넣으세요.

(1) $3+7+5 = \boxed{}$ (2) $2+5+5 = \boxed{}$

보충해 봐!
Basic
Book
11쪽

세 수의 덧셈과 뺄셈

- $3+1+2=\boxed{}$ · $8-2-5=1$

$3+1=4$

$4+2=6$

$8-2=6$

$6-5=1$

10이 되는 더하기

$1+9=10$	$4+6=10$	$7+3=10$
$2+8=10$	$5+5=10$	$8+2=10$
$3+7=10$	$6+4=10$	$9+1=10$

두 수를 바꾸어 더해도 합은 같습니다.

10에서 빼기

$10-1=9$	$10-4=6$	$10-7=3$
$10-2=8$	$10-5=5$	$10-8=2$
$10-3=7$	$10-6=\boxed{}$	$10-9=1$

10을 만들어 더하기

합이 10이 되는 두 수를 먼저 더해 10을 만들고, 10과 나머지 한 수를 더합니다.

- $7+3+5=10+5=15$
- $1+4+6=1+10=11$

1 ☐ 안에 알맞은 수를 써넣으세요.

(1) $4+3+2=\boxed{}$

(2) $9-4-1=\boxed{}$

2 그림을 보고 알맞은 덧셈식을 만들어 보세요.

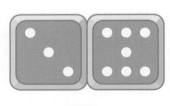

$3+\boxed{}=10$

3 세 수의 합은 얼마일까요?

4	9	1

(   )

4 바르게 계산한 것에 ◯표 하세요.

$7-3-2=6$ $7-3-2=2$

$3-2=1$ $7-3=4$

$7-1=6$ $4-2=2$

(   )   (   )

▶ 정답과 풀이 **6**쪽

5 두 가지 색으로 색칠하고 덧셈식을 만들어 보세요.

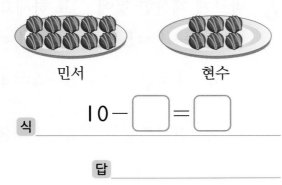

$$\boxed{}+\boxed{}=10$$

6 초콜릿을 민서가 10개, 현수가 6개 가지고 있습니다. 민서는 현수보다 초콜릿을 몇 개 더 많이 가지고 있을까요?

민서   현수

식 $10-\boxed{}=\boxed{}$

답

7 빵 8개 중에서 승규가 3개, 동생이 2개를 먹었습니다. 남은 빵은 몇 개일까요?

식 $\boxed{}-\boxed{}-2=\boxed{}$

답

8 합이 더 큰 것에 ◯표 하세요.

6+2+1	2+4+2
( )	( )

9 식에 맞게 빈 접시에 과자의 수만큼 ◯를 그리고, ☐ 안에 알맞은 수를 써넣으세요.

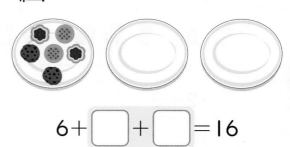

$$6+\boxed{}+\boxed{}=16$$

2단원
6강

10 수 카드 두 장을 골라 뺄셈식을 완성해 보세요.

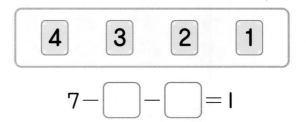

$$7-\boxed{}-\boxed{}=1$$

교과서 역량 문제 💡

11 더해서 10이 되는 두 수를 찾아 ◯표 하고, 10이 되는 덧셈식을 써 보세요.

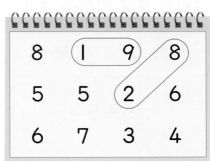

$$10=1+9$$

➕ 더해서 10이 되는 두 수를 찾아 묶고, 10=☐+☐의 덧셈식을 써 봅니다.

단원 마무리

1 그림을 보고 세 수의 덧셈을 해 보세요.

$$2+3+\boxed{}=\boxed{}$$

2 그림을 보고 세 수의 뺄셈을 해 보세요.

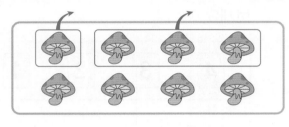

$$8-1-\boxed{}=\boxed{}$$

3 그림을 보고 덧셈을 해 보세요.

$$5+5=\boxed{}$$

4 그림을 보고 뺄셈을 해 보세요.

$$10-5=\boxed{}$$

5 10을 만들어 더할 수 있는 식에 ◯표 하세요.

$$\boxed{4+2+8} \qquad \boxed{5+3+6}$$

(   )   (   )

6 바르게 계산한 것에 ◯표 하세요.

$$8-4-1=5 \qquad 8-4-1=3$$

$$\boxed{\begin{array}{c} 4-1=3 \\ \downarrow \\ 8-3=5 \end{array}} \qquad \boxed{\begin{array}{c} 8-4=4 \\ \downarrow \\ 4-1=3 \end{array}}$$

(   )   (   )

7 ☐ 안에 알맞은 수를 써넣으세요.

$$1+9+3=\boxed{}$$

8 세 수의 합은 얼마일까요?

$$\boxed{3} \quad \boxed{4} \quad \boxed{2}$$

(   )

◯ 정답과 풀이 **7**쪽

점수 [   ]　확인 [   ]

9 합을 구하여 선으로 이어 보세요.

　4+6+3　　　1+7+3

　11　　　12　　　13

10 바르게 계산한 것에 ◯표 하세요.

　1+4+3=7　　2+4+1=7

　（　　　）　　（　　　）

11 두 수를 더해서 10이 되도록 빈칸에 알맞은 수를 써넣으세요.

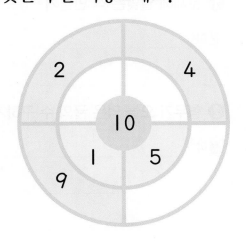

12 계산 결과의 크기를 비교하여 ◯ 안에 >, =, <를 알맞게 써넣으세요.

$$8-1-2 \bigcirc 1+2+2$$

2 단원

6 강

13 체육관에 공이 다음과 같이 있습니다. 체육관에 있는 공은 모두 몇 개일까요?

축구공	배구공	농구공
1개	4개	2개

（　　　　　　　）

14 색종이 7장 중에서 2장으로 종이비행기를 만들고, 3장으로 종이배를 만들었습니다. 남은 색종이는 몇 장일까요?

（　　　　　　　）

15 동화책이 7권, 위인전이 3권 있습니다. 책은 모두 몇 권일까요?

（　　　　　　　）

16 풍선을 수지가 10개, 윤호가 3개 가지고 있습니다. 수지가 윤호보다 풍선을 몇 개 더 많이 가지고 있을까요?

(   )

17 계산 결과가 가장 큰 것을 찾아 ◯표 하세요.

9+1	10-4	8+2+1

(   ) (   ) (   )

18 수 카드 두 장을 골라 덧셈식을 완성해 보세요.

1	2	3	4

1 + ☐ + ☐ = 8

19 세희는 밤을 10개 가지고 있었습니다. 그중에서 2개를 경미에게 주었다면 세희에게 남은 밤은 몇 개인지 풀이 과정을 쓰고 답을 구해 보세요.

❶ 문제에 알맞은 식 만들기

풀이 _____

_____

❷ 세희에게 남은 밤의 수 구하기

풀이 _____

_____

답 _____

20 형우가 귤을 오늘 아침에 6개, 점심에 4개, 저녁에 3개를 먹었습니다. 형우가 오늘 먹은 귤은 모두 몇 개인지 풀이 과정을 쓰고 답을 구해 보세요.

❶ 문제에 알맞은 식 만들기

풀이 _____

_____

❷ 형우가 오늘 먹은 귤의 수 구하기

풀이 _____

_____

답 _____

인공 지능 의료 기술자

인공 지능 의료 기술자는 병원이 아닌 집에서도 병을 치료받을 수 있도록
로봇이나 도구를 이용하여 진료하는 일을 해요. 새로운 기술에 호기심이 많은 사람,
다른 사람들이 필요로 하는 것에 관심이 많은 사람에게 꼭 맞는 직업이에요!

◎ 그림을 색칠하며 '인공 지능 의료 기술자'라는 직업을 상상해 보세요.

3

모양과 시각

● 여러 가지 모양

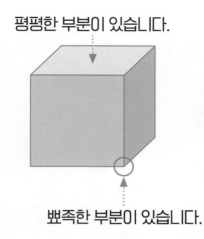

평평한 부분이 있습니다.

뾰족한 부분이 있습니다.

평평한 부분이 있습니다.

둥근 부분이 있습니다.

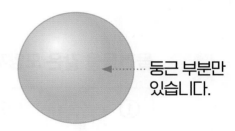

둥근 부분만 있습니다.

● 시계의 특징

긴바늘

짧은바늘

- 시계에는 **1부터 12까지 숫자**가 있습니다.
- 시계에는 **긴바늘**과 **짧은바늘**이 있습니다.

여러 가지 모양을 찾아볼까요

1 그림에서 ▢ 모양은 연두색, ▲ 모양은 보라색, ⬤ 모양은 주황색으로 따라 그려 봅시다.

2 물건들을 같은 모양끼리 모아 번호를 써 봅시다.

▢ 모양	△ 모양	◯ 모양

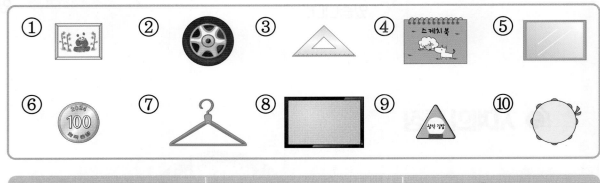

- ▢ 모양 찾기 ⇨ 〔그림〕 〔스케치북〕 〔그림〕 ━ ▢ 모양은 '액자 모양', '스케치북 모양' 등으로 부를 수 있습니다.
- ▲ 모양 찾기 ⇨ △ 〔옷걸이〕 〔삼각김밥〕 ━ ▲ 모양은 '삼각자 모양', '옷걸이 모양' 등으로 부를 수 있습니다.
- ◯ 모양 찾기 ⇨ 〔바퀴〕 〔100〕 〔동전〕 ━ ◯ 모양은 '바퀴 모양', '동전 모양' 등으로 부를 수 있습니다.

1 그림에서 ▢, △, ◯ 모양을 찾아 따라 그려 보세요.

2 같은 모양끼리 선으로 이어 보세요.

 · · · ·

 · ·  · ·

 · ·  · ·

보충해 봐!
Basic Book
12쪽

여러 가지 모양을 알아볼까요

1 물건을 종이 위에 본떴을 때, 그려진 모양을 찾아 선으로 이어 봅시다.

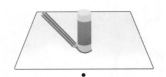

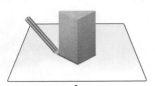

2 ■, ▲, ● 모양을 몸으로 표현했습니다. 알맞은 모양을 찾아 ○표 해 봅시다.

(1) 뾰족한 부분이 네 군데 있는 모양은 (■ , ▲ , ●)입니다.

(2) 뾰족한 부분이 세 군데 있는 모양은 (■ , ▲ , ●)입니다.

(3) 뾰족한 부분이 없고, 둥근 부분이 있는 모양은 (■ , ▲ , ●)입니다.

◆ ■, ▲, ● 모양의 특징

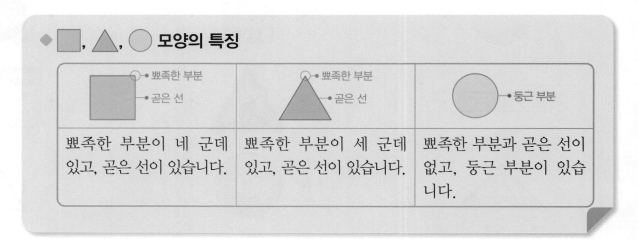

뾰족한 부분 / 곧은 선	뾰족한 부분 / 곧은 선	둥근 부분
뾰족한 부분이 네 군데 있고, 곧은 선이 있습니다.	뾰족한 부분이 세 군데 있고, 곧은 선이 있습니다.	뾰족한 부분과 곧은 선이 없고, 둥근 부분이 있습니다.

1 물건을 찰흙 위에 찍었을 때, 찍힌 모양으로 알맞은 것을 찾아 ◯표 하세요.

(1)

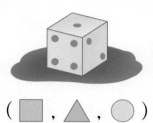

(■ , ▲ , ◯)

(2)

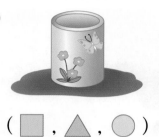

(■ , ▲ , ◯)

2 모양에 대해 바르게 이야기한 사람을 찾아 ◯표 하세요.

▲ 모양은 뾰족한 부분이 네 군데야.

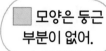

■ 모양은 둥근 부분이 없어.

● 모양은 뾰족한 부분이 있어.

(   )   (   )   (   )

3 물건을 종이 위에 본떴을 때, 그려진 모양이 <u>다른</u> 것을 찾아 ◯표 하세요.

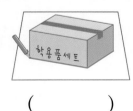

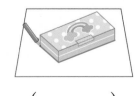

(   )   (   )   (   )

보충해 봐!
Basic
Book
13쪽

여러 가지 모양으로 꾸며 볼까요

1 지호가 꾸민 배에서 ■, ▲, ● 모양이 각각 몇 개 있는지 세어 봅시다.

■ 모양: ☐ 개, ▲ 모양: ☐ 개, ● 모양: ☐ 개

2 ■, ▲, ● 모양으로 옷을 꾸며 봅시다.

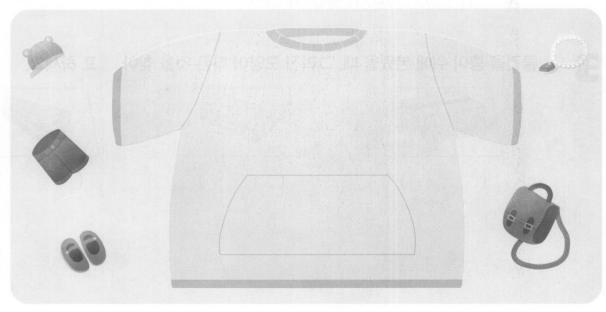

▶ 정답과 풀이 **9**쪽

1 ⬤ 모양으로만 꾸민 모양에 ◯표 하세요.

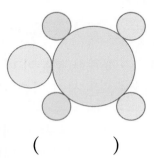

(   )

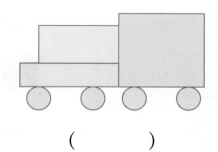

(   )

2 모양을 꾸미는 데 사용한 모양을 모두 찾아 ◯표 하세요.

(1)

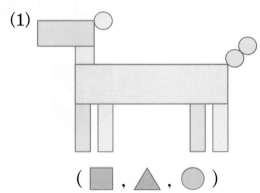

(■ , ▲ , ⬤)

(2)

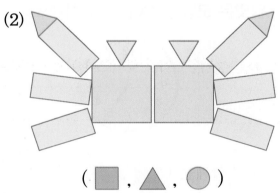

(■ , ▲ , ⬤)

3 ■, ▲, ⬤ 모양이 각각 몇 개 있는지 세어 보세요.

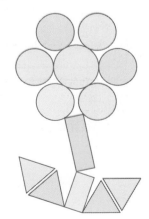

■ 모양 (   )

▲ 모양 (   )

⬤ 모양 (   )

보충해 봐!
Basic
Book
14쪽

개념 **확인** & 실력 **문제**

✓ **여러 가지 모양**

모양	물건	알 수 있는 것
뾰족한 부분 / 곧은 선	공책	• 뾰족한 부분이 네 군데 있습니다. • 곧은 선이 있습니다.
뾰족한 부분 / 곧은 선		• 뾰족한 부분이 세 군데 있습니다. • 곧은 선이 있습니다.
둥근 부분		• 뾰족한 부분과 곧은 선이 없습니다. • 둥근 부분이 있습니다.

1 알맞은 모양을 찾아 ◯표 하세요.

시계는 (■ , ▲ , ●)
모양입니다.

2 지우개와 같은 모양의 물건을 찾아 ◯표
하세요.

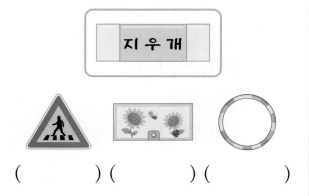

지 우 개

(   ) (   ) (   )

3 그려진 모양으로 알맞은 것을 찾아 ◯표
하세요.

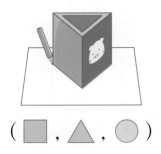

(■ , ▲ , ●)

4 같은 모양끼리 모은 것에 ◯표 하세요.

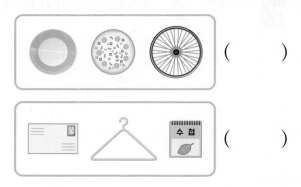

(   )

(   )

▶ 정답과 풀이 **9**쪽

5 ■ 모양은 연두색, ▲ 모양은 보라색,
◯ 모양은 주황색으로 칠해 보세요.

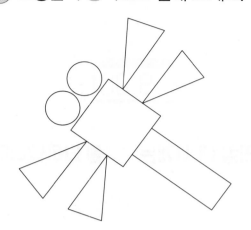

6 뾰족한 부분이 없는 과자는 모두 몇 개
일까요?

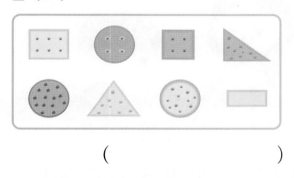

(   )

7 집을 꾸미는 데 사용한 ▲ 모양은 모두
몇 개일까요?

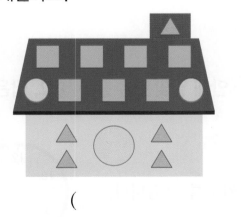

(   )

8 설명하는 모양을 모두 찾아 ◯표 하세요.

> • 곧은 선이 있습니다.
> • 뾰족한 부분이 있습니다.

()

교과서 역량 문제 💡

9 그림을 보고 바르게 이야기한 사람을
찾아 ◯표 하세요.

(   ) (   ) (   )

10 ■, ▲, ◯ 모양 중에서 가장 많은
모양을 찾아 ◯표 하세요.

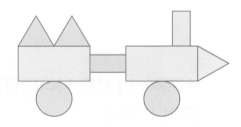

➕ ■, ▲, ◯ 모양이 각각 몇 개 있는지 세어 보고
개수를 비교합니다.

()

4 몇 시를 알아볼까요

**짧은바늘이 9, 긴바늘이 12를 가리킬 때 시계는 9시를 나타냅니다.
아홉 시라고 읽습니다.**

1 종이접기 체험은 몇 시에 시작하는지 알아보려고 합니다. ☐ 안에 알맞은 수를 써넣고, 알맞은 말에 ◯표 해 봅시다.

(1) 짧은바늘이 ☐ , 긴바늘이 12를 가리키므로 종이접기 체험은

☐ 시에 시작합니다.

(2) (열 , 열두) 시라고 읽습니다.

2 시계에 11시를 나타내려고 합니다. ☐ 안에 알맞은 수를 써넣고, 짧은바늘을 그려 봅시다.

11시는 짧은바늘이 ☐ 을 가리키도록 그립니다.

기본 문제

1 몇 시인지 써 보세요.

(1)

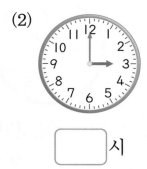

☐ 시

(2)

☐ 시

2 시계를 보고 선으로 이어 보세요.

•   •   •

•   •   •

1:00   **6:00**   **8:00**

3 시계에 몇 시를 나타내 보세요.

(1)

7:00

(2)

4:00

보충해 봐!
Basic
Book
15쪽

3. 모양과 시각 **53**

5 몇 시 30분을 알아볼까요

시 · · 분

짧은바늘이 1과 2 사이, 긴바늘이 6을 가리킬 때 시계는 1시 30분을 나타냅니다. 한 시 삼십 분이라고 읽습니다.

참고 9시, 1시 30분 등을 '시각'이라고 합니다.

1 점토 공예 체험은 몇 시 30분에 시작하는지 알아보려고 합니다. ⬜ 안에 알맞은 수를 써넣고, 알맞은 말에 ◯표 해 봅시다.

(1) 짧은바늘이 ⬜ 와 ⬜ 사이, 긴바늘이 6을 가리키므로

점토 공예 체험은 ⬜ 시 30분에 시작합니다.

(2) (두 , 세) 시 삼십 분이라고 읽습니다.

2 시계에 3시 30분을 나타내려고 합니다. ⬜ 안에 알맞은 수를 써넣고, 긴바늘을 그려 봅시다.

3시 30분은 긴바늘이 ⬜ 을 가리키도록 그립니다.

기본 문제

1 몇 시 30분인지 써 보세요.

(1)

□ 시 □ 분

(2)

□ 시 □ 분

2 계획표를 보고 선으로 이어 보세요.

계획	그림 그리기	저녁 식사하기	일기 쓰기
시각	6시 30분	7시 30분	9시 30분

3 시계에 시각을 나타내 보세요.

(1)

(2)

보충해 봐!
Basic Book
16쪽

3. 모양과 시각 **55**

개념 확인 / 실력 문제

◔ 몇 시

- 짧은바늘이 가리키는 숫자: 1
- 긴바늘이 가리키는 숫자: 12

⇨ ☐ 시   **읽기** 한 시

◔ 몇 시 30분

- 짧은바늘이 가리키는 곳: 8과 9 사이
- 긴바늘이 가리키는 숫자: 6

⇨ ☐ 시 30분   **읽기** 여덟 시 삼십 분

⊕ **시각을 써 보세요. [1~2]**

1

(   )

2

(   )

3 시각을 바르게 읽은 것에 ◯표 하세요.

열한 시   열두 시

(   )   (   )

4 시곗바늘이 알맞게 그려진 시계에 ◯표 하세요.

(   )   (   )

5 그림을 보고 ☐ 안에 알맞은 수를 써 넣으세요.

☐ 시에는 학교에 도착했고,

☐ 시에는 노래를 불렀습니다.

6 시계의 긴바늘이 6을 가리키는 시각을 모두 찾아 ◯표 하세요.

10시	7시 30분
( )	( )

12시 30분	6시
( )	( )

9 시계의 짧은바늘이 6과 7 사이, 긴바늘이 6을 가리킬 때의 시각을 써 보세요.

( )

교과서 역량 문제 💡

10 희주의 운동 시간의 시작 시각과 마침 시각을 시계에 나타내 보세요.

운동 시간	3:30~5:00

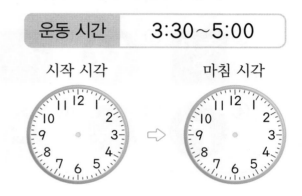

시작 시각   마침 시각

7 시계에 시각을 나타내 보세요.

8 시계에 3시를 나타내고, 그 시각에 하고 싶은 일을 써 보세요.

_____

_____

11 다음 시각에서 긴바늘이 한 바퀴 움직였을 때의 시각을 써 보세요.

➕ 긴바늘이 한 바퀴 움직였을 때 짧은바늘이 가리키는 숫자를 찾아봅니다.

( )

3. 모양과 시각 **57**

단원 마무리

1 ⬛ 모양을 찾아 ◯표 하세요.

(   ) (   ) (   )

🔍 그림을 보고 물음에 답하세요. [2～3]

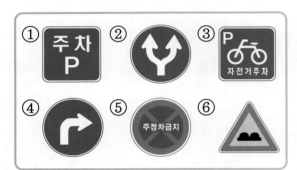

2 ⬛ 모양을 모두 찾아 번호를 써 보세요.

(   )

3 ◯ 모양은 모두 몇 개일까요?

(   )

4 시각을 써 보세요.

(   )

5 설명하는 모양을 찾아 ◯표 하세요.

> 뾰족한 부분이 세 군데 있습니다.

(⬛ , ▲ , ◯)

6 피자와 같은 모양의 물건을 찾아 ◯표 하세요.

피자 (   ) (   ) (   )

7 그려진 모양으로 알맞은 것을 찾아 ◯표 하세요.

(⬛ , ▲ , ◯)

8 시각을 바르게 읽은 사람은 누구일까요?

> • 은지: 여덟 시 삼십 분
> • 정현: 아홉 시 삼십 분

(   )

▶ 정답과 풀이 11쪽

점수 [   ]　　확인 [   ]

잘 틀리는 문제 🔍

9 시계에 1시 30분을 나타내 보세요.

10 같은 모양끼리 모은 것에 ◯표 하세요.

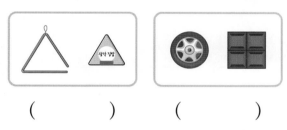

(　　　)　　　(　　　)

11 나타내는 시각이 <u>다른</u> 하나를 찾아 ◯표 하세요.

(　　) (　　) (　　)

12 시계의 긴바늘이 12를 가리키는 시각을 모두 찾아 ◯표 하세요.

9시	9시 30분
(　)	(　)
11시	11시 30분
(　)	(　)

13 ■, ▲, ● 모양의 단추가 각각 몇 개인지 세어 보세요.

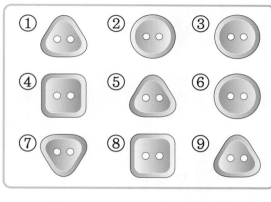

■ 모양	▲ 모양	● 모양

잘 틀리는 문제 🔍

14 모양에 대해 바르게 이야기한 사람은 누구일까요?

(　　　　　　)

15 시계의 짧은바늘이 3과 4 사이, 긴바늘이 6을 가리킬 때의 시각을 써 보세요.

(　　　　)

16 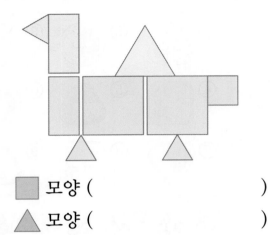, 모양이 각각 몇 개 있는지 세어 보세요.

　　　　모양 (　　　　　　　　　)

　　　　모양 (　　　　　　　　　)

17 다음 시각에서 긴바늘이 한 바퀴 움직였을 때의 시각을 써 보세요.

(　　　　　　　　　)

18 ■, ▲, ● 모양 중에서 가장 적은 모양을 찾아 ◯표 하세요.

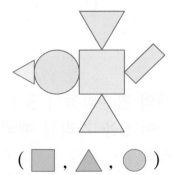

(■ , ▲ , ●)

19 자전거 바퀴가 ▲ 모양이라면 어떤 일이 생길지 써 보세요.

답＿＿＿＿＿＿＿＿＿＿＿＿＿＿＿

＿＿＿＿＿＿＿＿＿＿＿＿＿＿＿＿

＿＿＿＿＿＿＿＿＿＿＿＿＿＿＿＿

20 시계에 시각을 나타내려고 합니다. 풀이 과정을 쓰고 답을 구해 보세요.

❶ 왼쪽 시계가 나타내는 시각 알아보기

풀이＿＿＿＿＿＿＿＿＿＿＿＿＿＿

＿＿＿＿＿＿＿＿＿＿＿＿＿＿＿＿

❷ 왼쪽 시계가 나타내는 시각을 오른쪽 시계에 나타내기

날씨 조절 관리자

날씨 조절 관리자는 인공 비를 내리는 기술을 연구하고, 환경 문제의 부작용을
줄이는 방법을 연구해 급격한 기후 변화로 인한 피해를 줄이는 일을 해요.
환경에 관심이 많은 사람, 날씨에 대한 호기심을 가진 사람에게 꼭 맞는 직업이에요!

● 그림에서 책, 반지, 칫솔, 포크를 찾아보세요.

4

덧셈과
뺄셈(2)

10이 되는 더하기

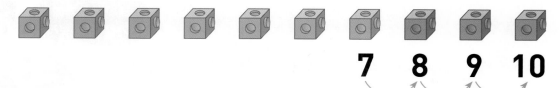

7   8   9   10

$$7+3=10$$

10에서 빼기

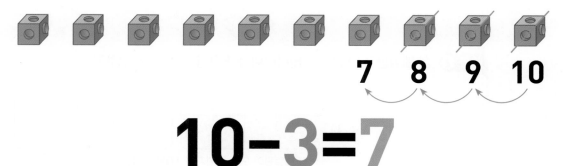

7   8   9   10

$$10-3=7$$

10을 만들어 더하기

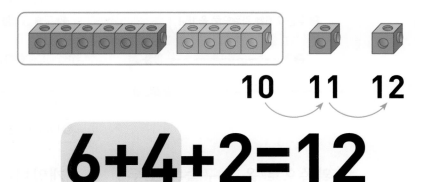

10   11   12

$$6+4+2=12$$

1

받아올림이 있는 (몇)＋(몇)을 계산하는 여러 가지 방법을 알아볼까요

1 바나나는 모두 몇 개인지 알아봅시다.

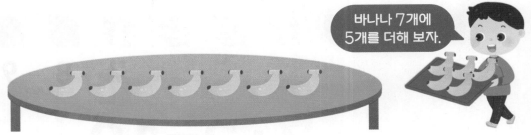

바나나 7개에 5개를 더해 보자.

(1) 바나나는 모두 몇 개인지 여러 가지 방법으로 구해 보세요.

방법 1 처음에 있던 바나나의 수 7에서 더 가져온 바나나의 수 5만큼 이어 세어 구하기

7　8　9　10　□　□

방법 2 십 배열판에 더 가져온 바나나의 수 5만큼 △를 그려 구하기

└─ 십 배열판이 모두 채워지면 10을 나타냅니다.

⇨ 비어 있는 십 배열판을 채우며 △를 그리면 모두 □입니다.

방법 3 구슬을 옮겨 구하기

❶ 구슬 7개를 왼쪽으로 옮기기

❷ 구슬 3개를 왼쪽으로 옮겨 10 만들기

❸ 나머지 구슬 2개를 왼쪽으로 더 옮기기

⇨ 왼쪽으로 옮긴 구슬은 모두 □개입니다.

(2) 바나나는 모두 몇 개일까요?　　　　　　(　　　　　)

기본 문제

1 꽃은 모두 몇 송이인지 ☐ 안에 알맞은 수를 써넣으세요.

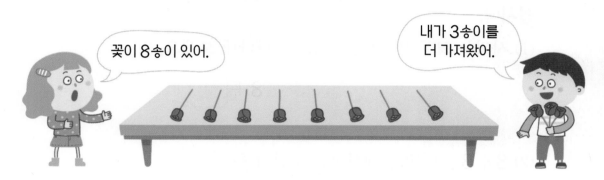

꽃이 8송이 있어.

내가 3송이를 더 가져왔어.

꽃은 모두 ☐ 송이입니다.

2 공은 모두 몇 개인지 ☐ 안에 알맞은 수를 써넣으세요.

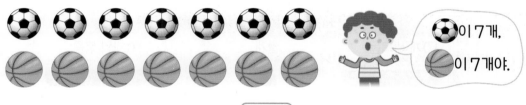

⚽이 7개, 🏀이 7개야.

공은 모두 ☐ 개입니다.

3 염소는 모두 몇 마리일까요?

식 _____ 9 + ☐ = ☐ _____   답 _____

보충해 봐!

Basic
Book
17쪽

4. 덧셈과 뺄셈(2) **65**

2 받아올림이 있는 (몇)+(몇)을 계산해 볼까요

1 빨간색 사과가 8개, 연두색 사과가 3개 있습니다. 사과는 모두 몇 개인지 알아 봅시다.

(1) 사과는 모두 몇 개인지 식으로 나타내 보세요.

$$8+\boxed{}$$

(2) 8+3을 어떻게 계산하는지 알아보세요.

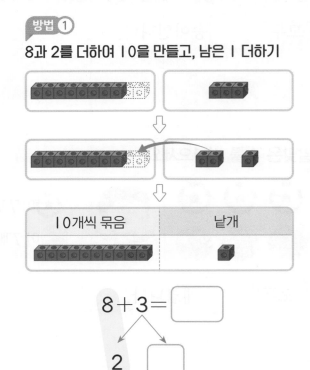

방법① 8과 2를 더하여 10을 만들고, 남은 1 더하기

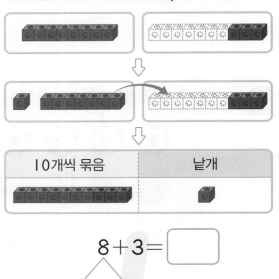

방법② 3과 7을 더하여 10을 만들고, 남은 1 더하기

10개씩 묶음	낱개

10개씩 묶음	낱개

$$8+3=\boxed{}$$

2 ⟍ $\boxed{}$

$$8+3=\boxed{}$$

$\boxed{}$ ⟋ 7

(3) 사과는 모두 몇 개일까요? (   )

◆ **받아올림이 있는 (몇)+(몇)**

방법1 8과 2를 더하여 10을 만들고, 남은 1 더하기

$$8+3=11$$

2 ⟍ 1

방법2 3과 7을 더하여 10을 만들고, 남은 1 더하기

$$8+3=11$$

1 ⟋ 7

기본 문제

▶ 정답과 풀이 **12**쪽

1 9+8을 여러 가지 방법으로 계산해 보세요.

(1)
9와 1을 더하여 10을 만들어 구해 보자!

$9+8=\boxed{}$

1 $\boxed{}$

(2)
8과 2를 더하여 10을 만들어 구해 보자!

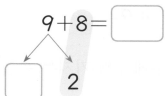
$9+8=\boxed{}$

$\boxed{}$ 2

(3)
5와 5를 더하여 10을 만들어 구해 보자!

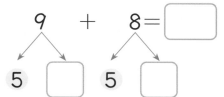
$9\quad+\quad8=\boxed{}$

5 $\boxed{}$ 5 $\boxed{}$

2 덧셈을 해 보세요.

(1) $7+4=\boxed{}$

(2) $8+7=\boxed{}$

(3) $6+9=\boxed{}$

(4) $5+6=\boxed{}$

3 합을 구하여 선으로 이어 보세요.

8+5 ·   · 12

3+9 ·   · 13

보충해 봐!
Basic Book
18쪽

3 여러 가지 덧셈을 해 볼까요

1 **덧셈을 해 봅시다.**

(1)
$$5+6=11$$
$$5+7=12$$
$$5+8=\boxed{}$$
$$5+9=\boxed{}$$

같은 수에 1씩 커지는 수를
더하면 합은 $\boxed{}$씩 커집니다.

(2)
$$9+6=15$$
$$9+5=14$$
$$9+4=\boxed{}$$
$$9+3=\boxed{}$$

같은 수에 1씩 작아지는 수를
더하면 합은 $\boxed{}$씩 작아집니다.

2 **덧셈식과 합이 같은 식을 찾아봅시다.**

$8+3=11$			
$8+4=12$	$7+4=\boxed{}$		
$8+5=13$	$7+5=\boxed{}$	$6+5=\boxed{}$	
$8+6=14$	$7+6=13$	$6+6=\boxed{}$	$5+6=\boxed{}$

8+5=13이야.
7+6과 합이 같아.

(1) $\boxed{}$ 안에 알맞은 수를 써넣으세요.

(2) 덧셈식과 합이 같은 식을 찾아 써넣으세요.

덧셈식	8+5	8+4	8+3
합이 같은 식	7+6		

1 덧셈을 해 보세요.

(1)
$$6+6=12$$
$$6+7=\boxed{}$$
$$6+8=\boxed{}$$
$$6+9=\boxed{}$$

(2)
$$7+9=16$$
$$7+8=\boxed{}$$
$$7+7=\boxed{}$$
$$7+6=\boxed{}$$

(3)
$$9+2=\boxed{}$$
$$2+9=\boxed{}$$

(4)
$$5+8=\boxed{}$$
$$8+5=\boxed{}$$

2 5+7과 합이 같은 식을 모두 찾아 색칠해 보세요.

5+6			
5+7	4+7		
5+8	4+8	3+8	
5+9	4+9	3+9	2+9

보충해 봐!
Basic
Book
19쪽

✅ 받아올림이 있는 (몇)＋(몇)

방법1 8과 2를 더하여 10을 만들고,
남은 5 더하기

$$8+7=15$$
$$2 \quad 5$$

방법2 7과 3을 더하여 10을 만들고,
남은 5 더하기

$$8+7=15$$
$$5 \quad 3$$

✅ 여러 가지 덧셈하기

$$8+3=11$$
$$8+4=12$$
$$8+5=13$$
$$8+6=14$$

같은 수에 1씩 커지는 수를 더하면

합은 [ ]씩 커집니다.

---

1 그림을 보고 덧셈을 해 보세요.

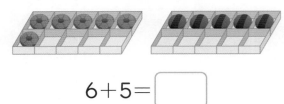

$$6+5=\boxed{}$$

2 ☐ 안에 알맞은 수를 써넣으세요.

(1) $8+3=\boxed{}$

   $2 \qquad \boxed{}$

(2) $7+9=\boxed{}$

   $\boxed{} \qquad 1$

3 덧셈을 해 보세요.

(1) $7+8=\boxed{}$

(2) $5+9=\boxed{}$

4 덧셈을 해 보세요.

$$9+6=\boxed{}$$
$$9+7=\boxed{}$$
$$9+8=\boxed{}$$
$$9+9=\boxed{}$$

▶ 정답과 풀이 **13**쪽

5 합이 15인 식에 ◯표 하세요.

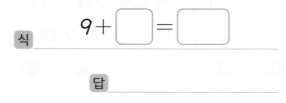

(   )   (   )

6 냉장고에 주스가 9병 있었는데 3병을 더 넣었습니다. 냉장고에 있는 주스는 모두 몇 병일까요?

식 $9 + \boxed{} = \boxed{}$

답 _____

7 치즈 김밥이 3줄, 참치 김밥이 8줄 있습니다. 김밥은 모두 몇 줄일까요?

식 $3 + \boxed{} = \boxed{}$

답 _____

8 ☐ 안에 알맞은 수를 써넣어 덧셈식을 완성해 보세요.

$$8 + 8 = 16$$
$$\boxed{} + 9 = 17$$

9 계산 결과의 크기를 비교하여 ◯ 안에 >, =, <를 알맞게 써넣으세요.

$$6 + 8 \bigcirc 9 + 4$$

10 ☐ 안에 알맞은 수를 써넣고, 두 수의 합이 작은 식부터 순서대로 이어 보세요.

시작
$7 + 4 = 11$ $8 + 6 = \boxed{}$

$8 + 5 = \boxed{}$ $7 + 5 = \boxed{}$

교과서 역량 문제 💡

11 합이 같은 식을 찾아 보기 와 같이 ☐, ◯표 해 보세요.

보기

5+7	6+8	6+6
7+7	8+6	7+5

➕ 1씩 커지는 수에 1씩 작아지는 수를 더하면 합은 같습니다.

4 받아내림이 있는 (십몇) — (몇)을 계산하는 여러 가지 방법을 알아볼까요

1 빵을 만들고 남는 달걀은 몇 개인지 알아봅시다.

달걀 ㅣㅣ개 중 5개로 빵을 만들 거야.

(1) 빵을 만들고 남는 달걀은 몇 개인지 여러 가지 방법으로 구해 보세요.

방법 1 처음에 있던 달걀의 수 ㅣㅣ에서 사용하는 달걀의 수 5만큼 거꾸로 세어 구하기

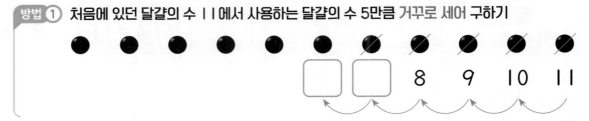

방법 2 연결 모형에서 빼고 남는 것을 세어 구하기

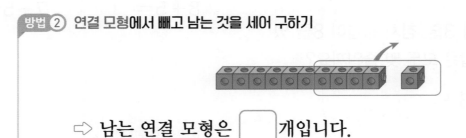

⇨ 남는 연결 모형은 ☐ 개입니다.

방법 3 구슬을 옮겨 구하기

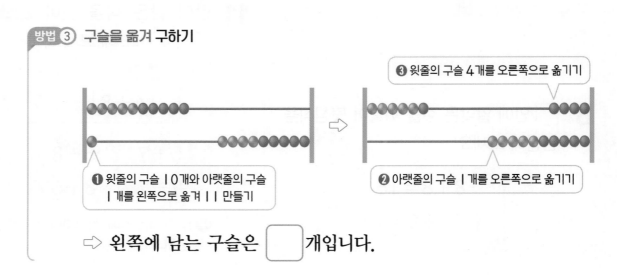

❸ 윗줄의 구슬 4개를 오른쪽으로 옮기기

❶ 윗줄의 구슬 ㅣ0개와 아랫줄의 구슬 ㅣ개를 왼쪽으로 옮겨 ㅣㅣ 만들기

❷ 아랫줄의 구슬 ㅣ개를 오른쪽으로 옮기기

⇨ 왼쪽에 남는 구슬은 ☐ 개입니다.

(2) 빵을 만들고 남는 달걀은 몇 개일까요? ( )

기본 문제

1 남는 색종이는 몇 장인지 ☐ 안에 알맞은 수를 써넣으세요.

색종이 **14**장 중 **6**장을 사용해야지.

남는 색종이는 ☐ 장입니다.

2 어느 것이 몇 개 더 많은지 알맞은 말에 ◯표 하고, ☐ 안에 알맞은 수를 써넣으세요.

사탕

초콜릿

(사탕 , 초콜릿)이 ☐ 개 더 많습니다.

3 빵이 우유보다 몇 개 더 많을까요?

빵

우유

식 _____ 12 − ☐ = ☐ _____ 답 _____

보충해 봐!
Basic
Book
20쪽

5 받아내림이 있는 (십몇)―(몇)을 계산해 볼까요

1 참외가 12개, 딸기가 7개 있습니다. 참외는 딸기보다 몇 개 더 많은지 알아봅시다.

(1) 참외는 딸기보다 몇 개 더 많은지 식으로 나타내 보세요.

$$12-\boxed{}$$

(2) 12―7을 어떻게 계산하는지 알아보세요.

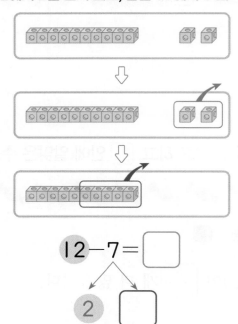

방법 ①
12에서 2를 먼저 빼고, 남은 10에서 5 빼기

$$12-7=\boxed{}$$

2

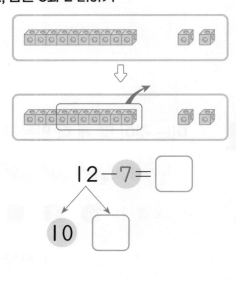

방법 ②
12를 10과 2로 가르기하여 10에서 7을 빼고, 남은 3과 2 더하기

$$12-7=\boxed{}$$

10

(3) 참외는 딸기보다 몇 개 더 많을까요? ( )

◆ **받아내림이 있는 (십몇)―(몇)**

방법1 12에서 2를 먼저 빼고, 남은 10에서 5 빼기

$$12-7=5$$

2 5

방법2 12를 10과 2로 가르기하여 10에서 7을 빼고, 남은 3과 2 더하기

$$12-7=5$$

10 2

기본 문제

1 그림을 보고 ☐ 안에 알맞은 수를 써넣으세요.

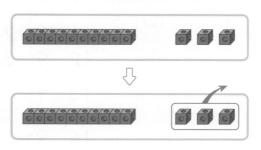

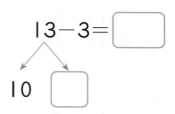

$13-3=$ ☐

10 ☐

2 $14-8$을 여러 가지 방법으로 계산해 보세요.

(1)

14에서 4를 먼저 빼서 구해 보자!

$14-8=$ ☐

4 ☐

(2)

10에서 8을 빼서 구해 보자!

$14-8=$ ☐

10 ☐

3 뺄셈을 해 보세요.

(1) $15-5=$ ☐

(2) $16-7=$ ☐

4 차를 구하여 선으로 이어 보세요.

$11-3$ ·　　　　· 8

$15-9$ ·　　　　· 6

6 여러 가지 뺄셈을 해 볼까요

1 뺄셈을 해 봅시다.

(1)
$$11-5=6$$
$$11-6=5$$
$$11-7=\boxed{}$$
$$11-8=\boxed{}$$

같은 수에서 1씩 커지는 수를 빼면 차는 $\boxed{}$ 씩 작아집니다.

(2)
$$11-9=2$$
$$12-9=3$$
$$13-9=\boxed{}$$
$$14-9=\boxed{}$$

1씩 커지는 수에서 같은 수를 빼면 차는 $\boxed{}$ 씩 커집니다.

2 뺄셈식과 차가 같은 식을 찾아봅시다.

$15-6=9$	$15-7=8$	$15-8=7$	$15-9=6$
	$16-7=\boxed{}$	$16-8=\boxed{}$	$16-9=7$
		$17-8=\boxed{}$	$17-9=\boxed{}$
			$18-9=\boxed{}$

15-8=7이야.
16-9와 차가 같아.

(1) ☐ 안에 알맞은 수를 써넣으세요.

(2) 뺄셈식과 차가 같은 식을 찾아 써넣으세요.

뺄셈식	$15-8$	$15-7$	$15-6$
차가 같은 식	$16-9$		

1 뺄셈을 해 보세요.

(1)
$14-8=6$
$15-8=\boxed{}$
$16-8=\boxed{}$
$17-8=\boxed{}$

(2)
$13-6=7$
$13-7=\boxed{}$
$13-8=\boxed{}$
$13-9=\boxed{}$

(3)
$14-7=7$
$13-7=\boxed{}$
$12-7=\boxed{}$
$11-7=\boxed{}$

(4)
$11-2=9$
$12-3=\boxed{}$
$13-4=\boxed{}$
$14-5=\boxed{}$

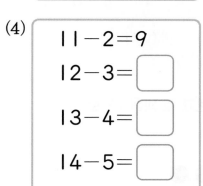

2 $11-4$와 차가 같은 식을 모두 찾아 색칠해 보세요.

$11-3$	$11-4$	$11-5$	$11-6$
	$12-4$	$12-5$	$12-6$
		$13-5$	$13-6$
			$14-6$

보충해 봐!
Basic
Book
22쪽

✅ **받아내림이 있는 (십몇)−(몇)**

방법1 | | 에서 | 을 먼저 빼고, 남은 | 0에서 7 빼기

$$|\,| - 8 = 3$$

| 7

방법2 | | 을 | 0과 | 로 가르기하여 | 0에서 8을 빼고, 남은 2와 | 더하기

$$|\,| - 8 = 3$$

| 0 |

✅ **여러 가지 뺄셈하기**

$$|\,| - 6 = 5$$
$$| 2 - 6 = 6$$
$$| 3 - 6 = 7$$
$$| 4 - 6 = 8$$

| 씩 커지는 수에서 같은 수를 빼면 차는 [ ] 씩 커집니다.

---

1 그림을 보고 뺄셈을 해 보세요.

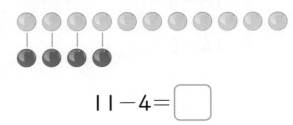

$$|\,| - 4 = \boxed{}$$

3 뺄셈을 해 보세요.

(1) $| 4 - 4 = \boxed{}$

(2) $|\,| - 9 = \boxed{}$

---

2 ☐ 안에 알맞은 수를 써넣으세요.

(1) $| 2 - 2 = \boxed{}$

| 0   ☐

(2) $| 5 - 6 = \boxed{}$

5   ☐

4 뺄셈을 해 보세요.

$$| 2 - 9 = \boxed{}$$
$$| 2 - 8 = \boxed{}$$
$$| 2 - 7 = \boxed{}$$
$$| 2 - 6 = \boxed{}$$

▶ 정답과 풀이 **15쪽**

5 차가 다른 하나를 찾아 ✕표 하세요.

| 17−9 | 16−7 | 14−5 |

(   ) (   ) (   )

6 과자가 14개 있었는데 진우가 9개를 먹었습니다. 남은 과자는 몇 개일까요?

식   14−☐=☐

답 _____

7 물개가 13마리 있고 돌고래가 8마리 있습니다. 물개는 돌고래보다 몇 마리 더 많을까요?

식   13−☐=☐

답 _____

8 가장 큰 수와 가장 작은 수의 차는 얼마 일까요?

| 3   6   12 |

(   )

9 수 카드 3장으로 서로 다른 뺄셈식을 만들어 보세요.

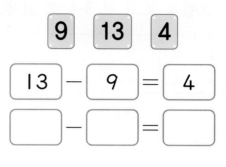

13 − 9 = 4

☐ − ☐ = ☐

10 차가 8이 되도록 ☐ 안에 알맞은 수를 써넣으세요.

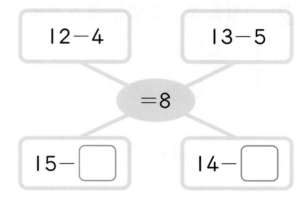

12−4   13−5

=8

15−☐   14−☐

교과서 역량 문제 💡

11 차가 같은 식을 찾아 보기 와 같이 ☐, ◯표 해 보세요.

보기
| 15−9   (16−7) |

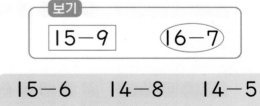

15−6   14−8   14−5
13−7   13−4   12−6

➕ 1씩 작아지는 수에서 1씩 작아지는 수를 빼면 차는 같습니다.

단원 마무리

1 그림을 보고 덧셈을 해 보세요.

$$7+5=\boxed{}$$

2 그림을 보고 뺄셈을 해 보세요.

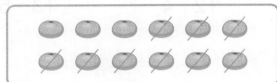

$$12-9=\boxed{}$$

3 그림을 보고 ☐ 안에 알맞은 수를 써넣으세요.

$$16-6=\boxed{}$$

$$10$$ ↙ ↘ $$\boxed{}$$

🔍 ☐ 안에 알맞은 수를 써넣으세요. [4~5]

4 $$8+9=\boxed{}$$

$$\boxed{}\quad 7$$

5 $$11-4=\boxed{}$$

$$\boxed{}\quad 3$$

6 덧셈을 해 보세요.

$$2+9=\boxed{}$$

$$3+9=\boxed{}$$

$$4+9=\boxed{}$$

7 뺄셈을 해 보세요.

$$15-9=\boxed{}$$

$$14-8=\boxed{}$$

$$13-7=\boxed{}$$

▶ 정답과 풀이 **15**쪽

점수 [　　] 확인 [　　]

8 바르게 계산한 사람의 이름을 써 보세요.

5+8=12	7+4=11
지후	유나

(　　　　　)

9 차를 구하여 선으로 이어 보세요.

12−3 ·

13−5 ·

· 8

· 9

· 7

잘 틀리는 문제 🔍
10 차가 7인 식을 모두 찾아 ◯표 하세요.

13−6　　16−9　　15−6

(　　) (　　) (　　)

11 합이 다른 하나를 찾아 ✕표 하세요.

3+8　　9+4　　6+5

(　　) (　　) (　　)

12 계산 결과의 크기를 비교하여 ◯ 안에 >, =, <를 알맞게 써넣으세요.

2+9 ◯ 4+8

13 소윤이는 머리핀 7개를 가지고 있었는데 6개를 더 샀습니다. 소윤이가 가지고 있는 머리핀은 모두 몇 개일까요?

(　　　　　)

14 농장에 양이 13마리, 토끼가 4마리 있습니다. 양은 토끼보다 몇 마리 더 많을까요?

(　　　　　)

15 7+7과 합이 같은 식을 모두 찾아 색칠해 보세요.

6+8	5+7
5+9	9+6

16 차가 가장 큰 것을 찾아 ◯표 하세요.

| 14-9 | 12-5 | 15-7 |

(   ) (   ) (   )

17 ☐ 안에 알맞은 수를 써넣고, 두 수의 차가 작은 식부터 순서대로 이어 보세요.

시작
$11-8=3$ $12-6=$ ☐

$11-7=$ ☐ $12-7=$ ☐

잘 틀리는 문제 🔍

18 합이 16이 되도록 ☐ 안에 알맞은 수를 써넣으세요.

$7+9=16$
$8+$ ☐ $=16$
$9+$ ☐ $=16$

---

19 빨간색 공이 9개, 파란색 공이 5개 있습니다. 공은 모두 몇 개인지 풀이 과정을 쓰고 답을 구해 보세요.

❶ 문제에 알맞은 식 만들기

풀이 _____

❷ 공의 수 구하기

풀이 _____

답 _____

20 가장 큰 수와 가장 작은 수의 차는 얼마인지 풀이 과정을 쓰고 답을 구해 보세요.

| 6 | 7 | 11 |

❶ 가장 큰 수와 가장 작은 수 구하기

풀이 _____

❷ 가장 큰 수와 가장 작은 수의 차 구하기

풀이 _____

답 _____

우주 생물학자

우주 생물학자는 우주에 사는 생명체가 있을 가능성을 연구하고
생명체의 흔적을 찾는 일을 해요. 과학 탐구에 관심이 많은 사람,
우주 생명체에 대한 궁금증을 가진 사람에게 꼭 맞는 직업이에요!

● 그림을 색칠하며 '우주 생물학자'라는 직업을 상상해 보세요.

5

규칙 찾기

● 색에서 규칙 찾기

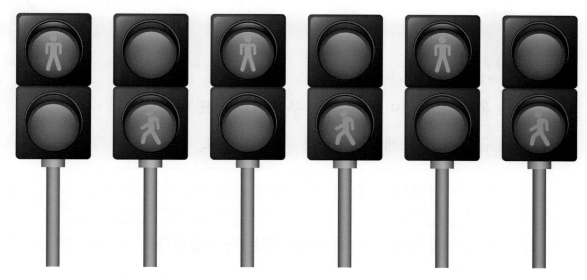

빨간색, 초록색이 반복됩니다.

● 모양에서 규칙 찾기

, 가 반복됩니다.

규칙을 찾아볼까요

1 울타리에서 규칙을 찾아 말해 봅시다.

└ 빨간색   └ 노란색

(1) 울타리의 색이 반복되는 부분에 ◯표 하세요.

(2) 규칙을 바르게 말한 것에 ◯표 하세요.

빨간색, 빨간색, 노란색이 반복되는 규칙입니다.	( )
빨간색, 노란색이 반복되는 규칙입니다.	( )

2 나무에서 규칙을 찾아 말해 봅시다.

└ 큰 나무   └ 작은 나무

(1) 빈칸에 알맞은 나무에 ◯표 하세요.

(,   )

(2) 규칙을 바르게 말한 것에 ◯표 하세요.

큰 나무, 작은 나무, 작은 나무가 반복되는 규칙입니다.	( )
큰 나무, 작은 나무가 반복되는 규칙입니다.	( )

기본 문제

1 규칙에 따라 빈 곳에 알맞은 색을 칠해 보세요.

(1)

(2)

2 규칙에 따라 빈칸에 알맞은 모양을 그려 보세요.

(1)

(2)

3 규칙을 바르게 말한 사람에 ◯표 하세요.

└● 딸기   └● 참외

딸기, 딸기, 참외가 반복되는 규칙이야.

딸기, 참외, 딸기가 반복되는 규칙이야.

지효   서후

(   )   (   )

보충해 봐!
Basic Book
23쪽

규칙을 만들어 볼까요

1 규칙을 만들어 물건을 놓아 봅시다.

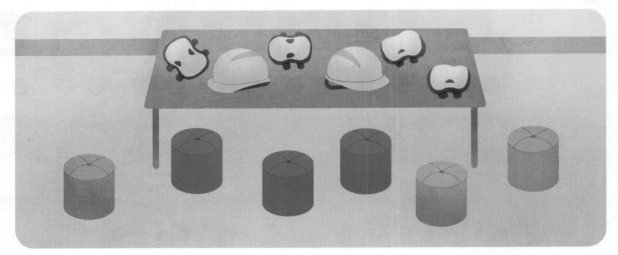

(1) 주황색 의자, 파란색 의자가 반복되는 규칙을 바르게 만든 것에 ◯표 하세요.

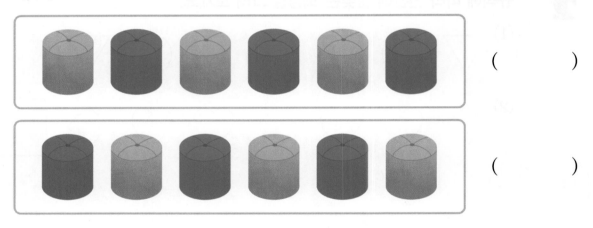

(   )

(   )

(2) 안전 모자, 무릎 보호대, 무릎 보호대가 반복되는 규칙을 바르게 만든 것에 ◯표 하세요.

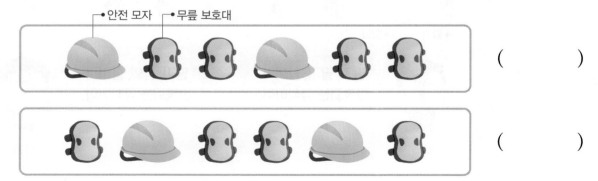

        •안전 모자   •무릎 보호대

(   )

(   )

기본 문제

1 연필, 지우개가 반복되는 규칙을 바르게 만든 사람에 ◯표 하세요.

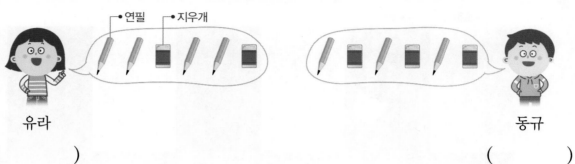

유라

동규

(   )   (   )

2 장갑( ), 장갑( ), 모자( )가 반복되는 규칙으로 물건을 그려 보세요.

3 규칙을 만들어 양말을 색칠해 보세요.

4 바둑돌(◯ ●)로 규칙을 만들어 그려 보세요.

보충해 봐!
Basic
Book
24쪽

3 규칙을 만들어 무늬를 꾸며 볼까요

1 벽에서 규칙을 찾아봅시다.

노란색 초록색

(1) 규칙을 바르게 말한 것에 ○표 하세요.

> 노란색, 초록색이 반복되는 규칙입니다. ( )

> 노란색, 노란색, 초록색이 반복되는 규칙입니다. ( )

(2) 규칙에 따라 빈칸에 알맞은 색을 칠해 보세요.

2 보기 에서 두 가지 모양을 골라 규칙을 만들어 그려 봅시다.

기본 문제

1   규칙에 따라 빈칸에 알맞은 색을 칠해 보세요.

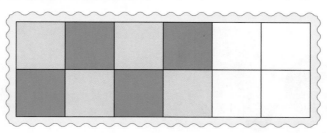

2   ♡와 △ 모양으로 규칙을 만들어 목걸이를 꾸며 보세요.

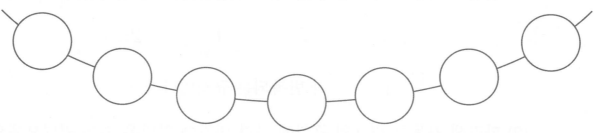

3   주어진 색으로 규칙을 만들어 색칠해 보세요.

(1)

빨간색과 파란색

(2)

초록색과 주황색

보충해 봐!

Basic
Book
25쪽

수 배열에서 규칙을 찾아볼까요

1 전시관에 있는 자동차의 수에서 규칙을 찾아 말해 봅시다.

자동차에 수가 규칙적으로 배열되어 있어.

1 2 1 2

(1) 빨간색 자동차 번호판 수의 규칙에 따라 빈칸에 알맞은 수를 써넣으세요.

| 1 | 2 | 1 | 2 | ▢ |

⇨ 1, ▢ 가 반복되는 규칙입니다.

(2) 파란색 자동차 번호의 규칙에 따라 빈칸에 알맞은 수를 써넣으세요.

| 1 | 2 | 3 | 4 | ▢ |

⇨ 1부터 시작하여 ▢씩 커지는 규칙입니다.

2 7과 9로 반복되는 규칙을 만들어 빈칸에 알맞은 수를 써넣어 봅시다.

◯ ― ◯ ― ◯ ― ◯ ― ◯ ― ◯

기본 문제

1 규칙을 찾아 ☐ 안에 알맞은 수를 써넣으세요.

⇨ 2부터 시작하여 ☐ 씩 커지는 규칙입니다.

2 규칙에 따라 빈칸에 알맞은 수를 써넣으세요.

(1)

| 8 | 2 | 8 | 2 | | 2 | 8 | |

(2)

| 1 | 3 | 3 | 1 | 3 | 3 | | |

3 규칙에 따라 빈칸에 알맞은 수를 써넣으세요.

(1)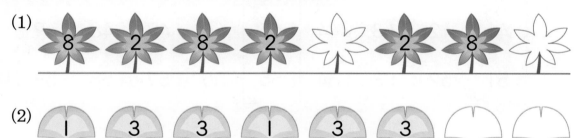

| 1 | 4 | 7 | | 13 | | 19 |

(2)

| 80 | 70 | 60 | | | 30 | |

4 규칙을 만들어 빈칸에 알맞은 수를 써넣으세요.

3   5   7

보충해 봐!
Basic Book 26쪽

5 수 배열표에서 규칙을 찾아볼까요

1 물품 보관함에서 규칙을 찾아 말해 봅시다.

1	2	3	4	5	6	7	8	9	10
11	12	13	14	15	16	17	18	19	20
21	22	23	24	25	26	27	28	29	30
31	32	33	34	35	36	37	38	39	40
41	42	43	44	45	46	47	48	49	50
51	52	53	54	55	56	57	58	59	60

(1) ▭에 있는 수에서 규칙을 찾아 알맞은 말에 ◯표 하세요.

> 11부터 시작하여 → 방향으로 1씩 (커지는 , 작아지는) 규칙입니다.

(2) ▭에 있는 수에서 규칙을 찾아 알맞은 수에 ◯표 하세요.

> 5부터 시작하여 ↓ 방향으로 (1 , 10)씩 커지는 규칙입니다.

2 규칙을 정해 색칠하고, 규칙을 말해 봅시다.

41	42	43	44	45	46	47	48	49	50
51	52	53	54	55	56	57	58	59	60
61	62	63	64	65	66	67	68	69	70

⇨ ▭ 부터 시작하여 ▭ 씩 커지는 규칙입니다.

정답과 풀이 **18**쪽

기본 문제

1 수 배열표를 보고 물음에 답하세요.

1	2	3	4	5	6	7	8	9	10
11	12	13	14	15	16	17	18	19	20
21	22	23	24	25	26	27	28	29	30
31	32	33	34	35	36	37	38	39	40
41	42	43	44	45	46	47	48	49	50
51	52	53	54	55	56				

(1) ▭에 있는 수에는 어떤 규칙이 있는지 ◻ 안에 알맞은 수를 써넣으세요.

> 21부터 시작하여 → 방향으로 ◻ 씩 커지는 규칙입니다.

(2) ▭에 있는 수에는 어떤 규칙이 있는지 ◻ 안에 알맞은 수를 써넣으세요.

> 3부터 시작하여 ↓ 방향으로 ◻ 씩 커지는 규칙입니다.

(3) 규칙에 따라 ▨ 에 알맞은 수를 써넣으세요.

2 규칙에 따라 빈칸에 알맞은 수를 써넣고, 색칠한 수에 있는 규칙을 찾아 ◻ 안에 알맞은 수를 써넣으세요.

40	36		28	
39			27	23
38	34	30		22
	33	29		21

➡ 40부터 시작하여 ◻ 씩 작아지는 규칙입니다.

보충해 봐! Basic Book 27쪽

6 규칙을 여러 가지 방법으로 나타내 볼까요

1 교통 안전 표지판에서 찾은 규칙을 모양으로 나타내 봅시다.

(1) 교통 안전 표지판의 모양에서 규칙을 찾아 ☐ 안에 알맞은 모양을 그려 보세요.

> ◯ 모양, ☐ 모양이 반복되는 규칙입니다.

(2) 규칙에 따라 빈칸에 ◯, △로 나타내 보세요.

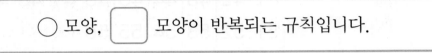

◯	△				

2 자전거에서 찾은 규칙을 수로 나타내 봅시다.

(1) 자전거의 바퀴 수에서 규칙을 찾아 ☐ 안에 알맞은 수를 써넣으세요.

> 자전거의 바퀴 수가 2, 3, ☐ 으로 반복되는 규칙입니다.

(2) 규칙에 따라 빈칸에 2, 3으로 나타내 보세요.

2	3				

기본 문제

1 규칙에 따라 빈칸에 알맞은 모양으로 나타내 보세요.

(1)

| △ | ○ | △ | ○ | △ | ○ | | |

(2)

| □ | □ | ○ | □ | □ | ○ | | |

2 규칙에 따라 빈칸에 알맞은 수로 나타내 보세요.

(1)

| 2 | 4 | 2 | 4 | 2 | | | |

(2)

| 0 | 0 | 2 | 2 | 0 | | | |

3 규칙에 따라 빈칸에 알맞은 몸동작에 ○표 하세요.

(   ) (   )

보충해 봐!
Basic
Book
28쪽

개념 확인 · 실력 문제

규칙 찾기

⇨ ♡, ◯가 반복되는 규칙입니다.

규칙 만들기

• 연필, 지우개가 반복되는 규칙 만들기

• 초록색, 파란색, 파란색이 반복되는 규칙
으로 무늬 꾸미기

수 배열에서 규칙 찾기

5	2	5	2	

⇨ 5, 2가 반복되는 규칙입니다.

수 배열표에서 규칙 찾기

1	2	3	4	5	6	7	8	9	10
11	12	13	14	15	16	17	18	19	20
21	22	23	24	25	26	27	28	29	30

⇨ ☐에 있는 수는 21부터 시작하여

→ 방향으로 ☐씩 커지는 규칙

입니다.

규칙을 여러 가지 방법으로 나타내기

모양	☐	◯	☐	◯
수	4	0	4	0

---

1 규칙에 따라 빈칸에 알맞은 모양을 그
려 보세요.

⬆ ⬅ ⬆ ⬅ ☐ ☐

2 규칙을 바르게 말한 사람의 이름을 써
보세요.

└파란색 └노란색

• 은채: 색이 파란색, 노란색, 파란
색으로 반복되는 규칙이야.

• 규호: 개수가 2개, 1개, 1개로
반복되는 규칙이야.

( )

3 나뭇잎(🌿), 꽃(🌸), 꽃(🌸)이 반복되는
규칙으로 물건을 그려 보세요.

4 가방, 모자가 반복되는 규칙으로 물건
을 놓았습니다. 잘못 놓은 물건에 ✕표
하세요.

└가방 └모자

▶ 정답과 풀이 **18**쪽

5 규칙에 따라 빈칸에 알맞은 수를 써넣으세요.

5	11	17	
	8		20

6 규칙에 따라 빈칸에 알맞은 색을 칠해 보세요.

7 ▭에 있는 수에는 어떤 규칙이 있는지 ◯ 안에 알맞은 수를 써넣으세요.

1	2	3	4	5
6	7	8	9	10
11	12	13	14	15
16	17	18	19	20

⇨ 3부터 시작하여 ↓ 방향으로 ▭씩 커지는 규칙입니다.

8 규칙을 만들어 빈칸에 알맞은 수를 써넣으세요.

40	30		
	35		

9 규칙에 따라 빈칸에 알맞은 주사위를 그리고, 수를 써넣으세요.

• •	•	• •	•	• •	⟳
2	1	2	1		

10 ◯와 △ 모양으로 규칙을 만들어 무늬를 꾸며 보세요.

교과서 역량 문제 💡

11 규칙에 따라 나머지 부분에 색칠하고, 색칠한 수에 있는 규칙을 찾아 써 보세요.

61	62	63	64	65	66	67	68
69	70	71	72	73	74	75	76
77	78	79	80	81	82	83	84

➕ 색칠한 수만 다시 배열하여 어떤 규칙이 있는지 찾아봅니다.

단원 마무리

1 규칙에 따라 빈칸에 알맞은 것에 ○표 하세요.

(🍎 , 🍊)

2 규칙에 따라 빈 곳에 알맞은 색을 칠해 보세요.

3 주스, 우유, 주스가 반복되는 규칙을 바르게 만든 사람의 이름을 써 보세요.

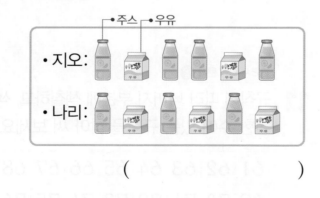

(　　　　　　)

4 규칙을 찾아 ☐ 안에 알맞은 말을 써넣으세요.

⇨ 축구공, 축구공, ☐☐☐☐☐☐ ,
농구공이 반복되는 규칙입니다.

5 버스(🚐), 배(⛵), 배(⛵)가 반복되는 규칙으로 물건을 그려 보세요.

6 규칙에 따라 빈칸에 알맞은 모양을 그려 보세요.

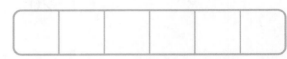

7 규칙을 찾아 ☐ 안에 알맞은 수를 써넣으세요.

11	13	15	17	19

⇨ ☐ 부터 시작하여 ☐ 씩 커지는 규칙입니다.

잘 틀리는 문제 🔍

8 오이, 고추, 오이가 반복되는 규칙으로 놓았습니다. 잘못 놓은 것에 ✕표 하세요.

◉ 정답과 풀이 **19**쪽

점수   확인

9 규칙에 따라 빈칸에 알맞은 수를 써 넣으세요.

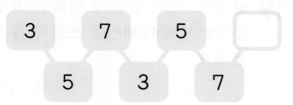

3   7   5   ⬜

5   3   7

🔍 **수 배열표를 보고 물음에 답하세요.**
[10~11]

61	62	63	64	65	66	67	68	69	70
71	72	73	74	75	76	77	78	79	80
81	82	83	84	85	86	87	88	89	90
91	92	93	94	95				99	100

10 규칙을 바르게 말한 사람의 이름을 써 보세요.

- 진우: ⬜에 있는 수에는 62부 터 시작하여 ↓ 방향으로 10씩 커지는 규칙이 있어.

- 서아: ⬜에 있는 수에는 71부 터 시작하여 → 방향으로 10씩 커지는 규칙이 있어.

(   )

11 규칙에 따라 ⬜에 알맞은 수를 써 넣으세요.

12 규칙을 만들어 공책을 색칠해 보세요.

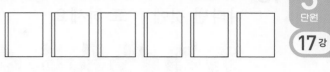

13 규칙에 따라 빈칸에 ◯, △로 나타내 보세요.

◯   ◯   △   ◯

14 규칙에 따라 ♥에 알맞은 수를 구해 보세요.

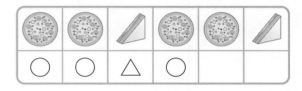

27   21   ⬜   9

24   ⬜   ♥

(   )

15 규칙에 따라 빈칸에 2, 1로 나타내 보세요.

2   1   1

16 규칙을 여러 가지 방법으로 바르게 나타낸 것에 ○표 하세요.

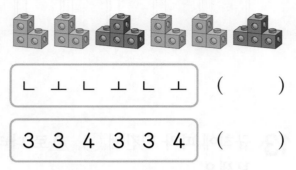

| ㄴ ㅗ ㄴ ㅗ ㄴ ㅗ | ( ) |

| 3 3 4 3 3 4 | ( ) |

17 ◇와 ♡ 모양으로 규칙을 만들어 무늬를 꾸며 보세요.

잘 틀리는 문제 🔍

18 색칠한 수에 있는 규칙을 찾아 써 보세요.

11	12	13	14	15	16	17	18	19	20
21	22	23	24	25	26	27	28	29	30
31	32	33	34	35	36	37	38	39	40

_____

_____

서술형 문제

19 규칙에 따라 빈칸에 알맞은 모양은 무엇인지 풀이 과정을 쓰고 답을 구해 보세요.

○ △ ○ △ ○ □

❶ 규칙 찾기

풀이 _____

_____

❷ 빈칸에 알맞은 모양 구하기

풀이 _____

답 _____

20 규칙에 따라 ㉠에 알맞은 색은 무엇인지 풀이 과정을 쓰고 답을 구해 보세요.

└▶노란색 └▶빨간색

❶ 규칙 찾기

풀이 _____

_____

❷ ㉠에 알맞은 색 구하기

풀이 _____

답 _____

▶ 정답 **20**쪽

스마트 의류 개발자

스마트 의류 개발자는 어두워지면 빛이 나는 옷, 심장이 뛰는 횟수를 알려주는 옷 등
기술을 넣은 옷을 개발하는 일을 해요. 새로운 제품을 생각해 낼 수 있는 사람,
정확하고 섬세한 사람에게 꼭 맞는 직업이에요!

○ 그림에서 도넛, 지팡이, 빗, 조개를 찾아보세요.

6

덧셈과
뺄셈 (3)

덧셈과 뺄셈을 배우기 전에 확인해요

● **받아올림이 있는 (몇)+(몇)**

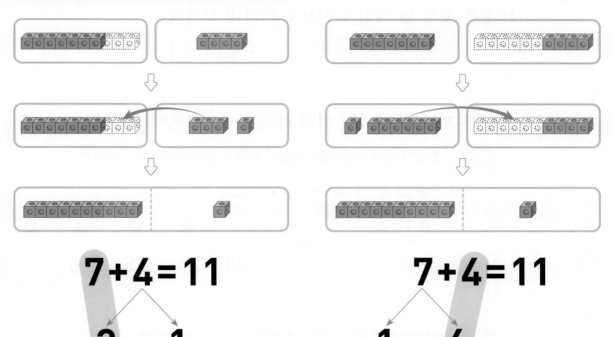

$$7+4=11$$

3   1

$$7+4=11$$

1   6

● **받아내림이 있는 (십몇)-(몇)**

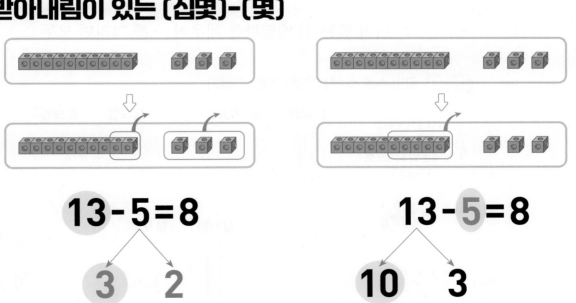

$$13-5=8$$

3   2

$$13-5=8$$

10   3

받아올림이 없는 (몇십몇)＋(몇)을 계산하는 여러 가지 방법을 알아볼까요

1 빨간색 공이 23개, 파란색 공이 5개 있습니다. 공은 모두 몇 개인지 알아봅시다.

(1) 공은 모두 몇 개인지 식으로 나타내 보세요.

$$23+\boxed{}$$

(2) 공은 모두 몇 개인지 여러 가지 방법으로 구해 보세요.

방법 ① 빨간색 공의 수 23에서 파란색 공의 수 5만큼 이어 세어 구하기

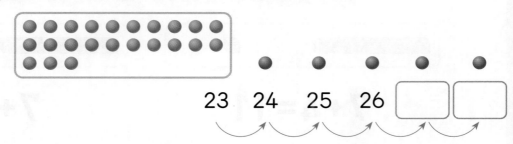

23 24 25 26 ☐ ☐

방법 ② 십 배열판에 파란색 공의 수 5만큼 △를 그려 구하기

└─• 십 배열판이 모두 채워지면 10을 나타냅니다.

⇨ 비어 있는 십 배열판을 채우며 △를 그리면 모두 ☐ 입니다.

방법 ③ 공의 수를 수 모형으로 나타내 구하기

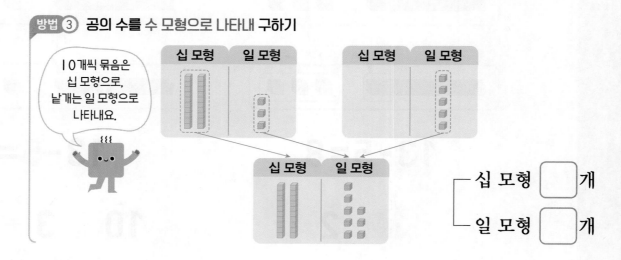

10개씩 묶음은 십 모형으로, 낱개는 일 모형으로 나타내요.

┌─ 십 모형 ☐ 개
└─ 일 모형 ☐ 개

(3) 공은 모두 몇 개일까요?

(   )

기본 문제

1 그림을 보고 덧셈을 해 보세요.

(1)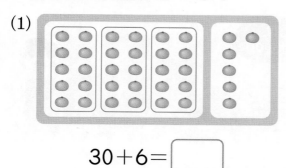

$$30 + 6 = \boxed{}$$

(2)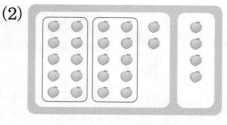

$$22 + 4 = \boxed{}$$

2 덧셈을 해 보세요.

(1) $54 + 3 = \boxed{}$

(2) $71 + 8 = \boxed{}$

3 합을 구하여 선으로 이어 보세요.

2 받아올림이 없는 (몇십)＋(몇십), (몇십몇)＋(몇십몇)을 알아볼까요

1 딱지는 모두 몇 장인지 알아봅시다.

초록색 딱지가 25장,
노란색 딱지가 11장 있어.

(1) 딱지는 모두 몇 장인지 식으로 나타내 보세요.

$$25 + \boxed{}$$

(2) 25＋11을 어떻게 계산하는지 알아보세요.

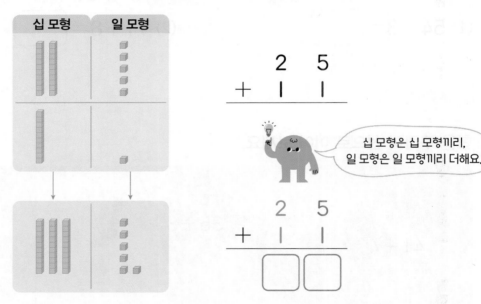

십 모형	일 모형

$$\begin{array}{cc} & 2 \quad 5 \\ + & 1 \quad 1 \\ \hline \end{array}$$

십 모형은 십 모형끼리,
일 모형은 일 모형끼리 더해요.

$$\begin{array}{cc} & 2 \quad 5 \\ + & 1 \quad 1 \\ \hline & \boxed{} \boxed{} \end{array}$$

(3) 딱지는 모두 몇 장일까요?

(   )

◆ **받아올림이 없는 (몇십)＋(몇십), (몇십몇)＋(몇십몇)**

10개씩 묶음의 수끼리 더한 수, 낱개의 수끼리 더한 수를
내려 씁니다.

$$\begin{array}{cc} & 2 \quad 5 \\ + & 1 \quad 1 \\ \hline & 3 \quad 6 \end{array}$$

기본 문제

1 그림을 보고 덧셈을 해 보세요.

(1)
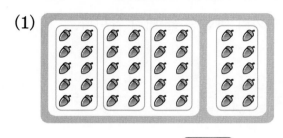

$$30 + 10 = \boxed{}$$

(2)

$$14 + 23 = \boxed{}$$

2 덧셈을 해 보세요.

(1)
$$\begin{array}{r} 1\ 0 \\ +\ 7\ 0 \\ \hline \end{array}$$

(2)
$$\begin{array}{r} 4\ 1 \\ +\ 2\ 4 \\ \hline \end{array}$$

3 합이 68인 것을 모두 찾아 ◯표 하세요.

$$20 + 20$$

$$\begin{array}{r} 3\ 2 \\ +\ 3\ 6 \\ \hline \end{array}$$

$$11 + 47$$

$$43 + 25$$

$$14 + 54$$

$$\begin{array}{r} 3\ 0 \\ +\ 3\ 0 \\ \hline \end{array}$$

보충해 봐!
Basic Book
30쪽

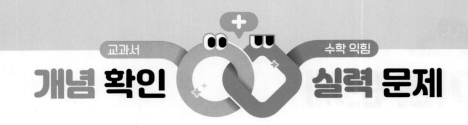

개념 확인 · 실력 문제

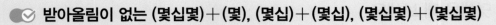

받아올림이 없는 (몇십몇)＋(몇), (몇십)＋(몇십), (몇십몇)＋(몇십몇)

10개씩 묶음의 수끼리 더한 수, 낱개의 수끼리 더한 수를 내려 씁니다.

```
    2 1            1 0            1 4
 +    3         + 2 0         + 1 2
    2 4            3 0            2 6
```

1 덧셈을 해 보세요.

(1)
```
   2 0
 + 4 0
```

(2)
```
   3 6
 + 5 1
```

2 연필은 모두 몇 자루인지 구하려고 합니다. ⬚ 안에 알맞은 수를 써넣으세요.

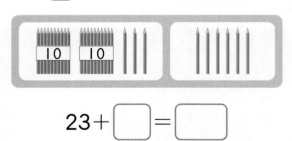

23＋⬚＝⬚

3 계산 결과를 찾아 ○표 하세요.

5＋34

84   39   93

(　) (　) (　)

4 합이 같은 것끼리 선으로 이어 보세요.

50＋3　　　28＋11

·　　　·

·　　　·　　　·

32＋7　20＋30　41＋12

5 단추는 모두 몇 개인지 바르게 계산한 것에 ○표 하세요.

```
   1 2            1 2
 +   5          +   5
   6 2            1 7
```

(　)　　(　)

▶ 정답과 풀이 21쪽

6 준기는 사탕 14개를 가지고 있었는데 4개를 더 샀습니다. 준기가 가지고 있는 사탕은 모두 몇 개일까요?

식 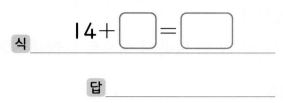 14+ ⬜ = ⬜

답 _____

7 태연이가 동화책을 오늘 아침에 23쪽, 저녁에 25쪽 읽었습니다. 태연이가 오늘 읽은 동화책은 모두 몇 쪽일까요?

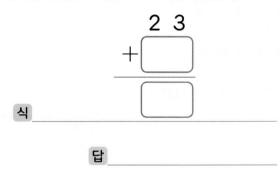

```
    2 3
 + ⬜
 ─────
    ⬜
```

식 _____

답 _____

8 계산 결과의 크기를 비교하여 ◯ 안에 >, =, <를 알맞게 써넣으세요.

71+4 ◯ 10+60

9 가장 큰 수와 가장 작은 수의 합은 얼마일까요?

22	56	43

(_____)

🔍 **두 가지 종류의 과일을 골라 더하려고 합니다. 물음에 답하세요. [10~11]**

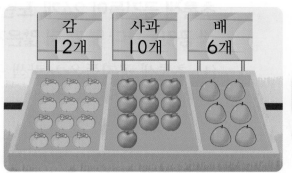

감 12개	사과 10개	배 6개

10 감과 사과는 모두 몇 개일까요?

(_____)

11 사과와 배는 모두 몇 개일까요?

(_____)

교과서 역량 문제 💡

12 같은 모양에 적힌 수의 합을 구해 보세요.

수첩 15	△ 70	◎ 40
삼각 김밥 20	◯ 9	▦ 31

➕ ▢, △, ◯ 모양끼리 모아서 적힌 두 수를 더해 봅니다.

▢ (_____)
△ (_____)
◯ (_____)

3 받아내림이 없는 (몇십몇) − (몇)을 계산하는 여러 가지 방법을 알아볼까요

1 초록색 공깃돌이 24개, 노란색 공깃돌이 3개 있습니다. 초록색 공깃돌은 노란색 공깃돌보다 몇 개 더 많은지 알아봅시다.

(1) 초록색 공깃돌은 노란색 공깃돌보다 몇 개 더 많은지 식으로 나타내 보세요.

$$24 - \boxed{}$$

(2) 초록색 공깃돌은 노란색 공깃돌보다 몇 개 더 많은지 여러 가지 방법으로 구해 보세요.

방법 ① 초록색 공깃돌의 수 24와 노란색 공깃돌의 수 3을 비교하여 구하기

방법 ② 십 배열판에 노란색 공깃돌의 수 3만큼 ╱ 을 그려 구하기

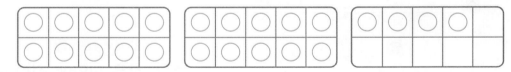

⇨ 3만큼 ╱ 을 그려 보면 남은 ○의 수는 $\boxed{}$ 입니다.

방법 ③ 공깃돌의 수를 수 모형으로 나타내 구하기

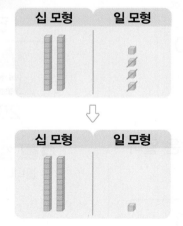

십 모형	일 모형

⇩

십 모형	일 모형

┌ 십 모형 $\boxed{}$ 개

└ 일 모형 $\boxed{}$ 개

(3) 초록색 공깃돌은 노란색 공깃돌보다 몇 개 더 많을까요?

(   )

기본 문제

6
단원
19강

1 그림을 보고 뺄셈을 해 보세요.

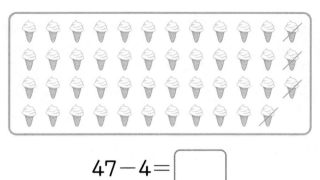

$47-4=\boxed{}$

2 뺄셈을 해 보세요.

(1) $35-3=\boxed{}$　　　　　(2) $56-2=\boxed{}$

3 차를 구하여 선으로 이어 보세요.

교과서 개념
4

받아내림이 없는 (몇십)—(몇십), (몇십몇)—(몇십몇)을 알아볼까요

1 지우개는 풀보다 몇 개 더 많은지 알아봅시다.

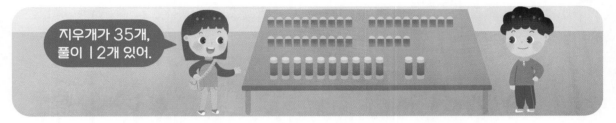

지우개가 35개, 풀이 12개 있어.

(1) 지우개는 풀보다 몇 개 더 많은지 식으로 나타내 보세요.

$$35 - \boxed{}$$

(2) 35—12를 어떻게 계산하는지 알아보세요.

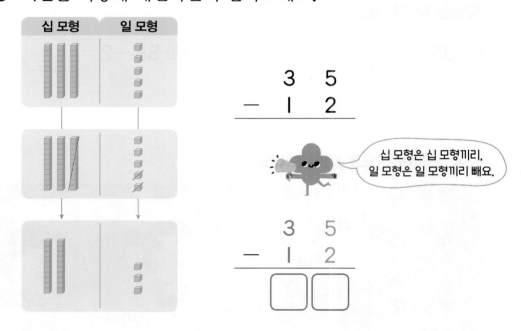

		3	5
—		1	2

십 모형은 십 모형끼리, 일 모형은 일 모형끼리 빼요.

		3	5
—		1	2
		□	□

(3) 지우개는 풀보다 몇 개 더 많을까요?

(   )

◆ **받아내림이 없는 (몇십)—(몇십), (몇십몇)—(몇십몇)**

10개씩 묶음의 수끼리 뺀 수, 낱개의 수끼리 뺀 수를 내려 씁니다.

		3	5
—		1	2
		2	3

기본 문제

▶ 정답과 풀이 **22**쪽

6 단원

19 강

1 방울토마토는 키위보다 몇 개 더 많은지 뺄셈을 해 보세요.

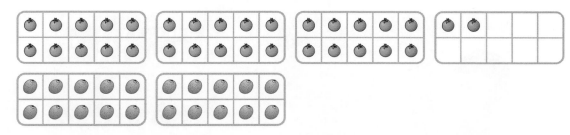

$$32 - 20 = \boxed{}$$

2 뺄셈을 해 보세요.

(1)
$$\begin{array}{r} 7\ 0 \\ -\ 3\ 0 \\ \hline \end{array}$$

(2)
$$\begin{array}{r} 8\ 6 \\ -\ 3\ 1 \\ \hline \end{array}$$

3 차가 34인 것을 모두 찾아 ◯표 하세요.

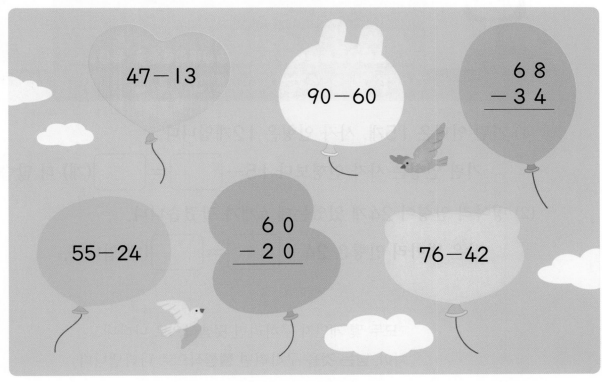

$47 - 13$

$90 - 60$

$$\begin{array}{r} 6\ 8 \\ -\ 3\ 4 \\ \hline \end{array}$$

$55 - 24$

$$\begin{array}{r} 6\ 0 \\ -\ 2\ 0 \\ \hline \end{array}$$

$76 - 42$

보충해 봐!
Basic Book
32쪽

5 덧셈과 뺄셈을 해 볼까요

1 그림을 보고 덧셈식으로 나타내 봅시다.

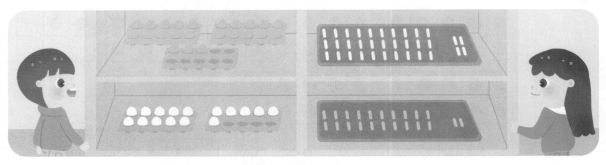

(1) 갈색 달걀은 23개, 흰색 달걀은 16개입니다.

⇨ 달걀은 모두 23+☐=☐(개)입니다.

(2) 흰색 치즈는 34개, 노란색 치즈는 22개입니다.

⇨ 치즈는 모두 34+☐=☐(개)입니다.

2 그림을 보고 뺄셈식으로 나타내 봅시다.

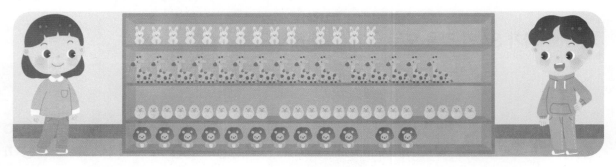

(1) 기린 인형은 15개, 사자 인형은 12개입니다.

⇨ 기린 인형은 사자 인형보다 15-☐=☐(개) 더 많습니다.

(2) 병아리 인형이 24개 있었는데 4개가 팔렸습니다.

⇨ 남은 병아리 인형은 24-☐=☐(개)입니다.

> 모두 몇 개인지 구하려면 **덧셈식**으로 나타내고,
> 차이, 남는 것을 구하려면 **뺄셈식**으로 나타냅니다.

기본 문제

1 덧셈과 뺄셈을 해 보세요.

(1)
$$13+10=23$$
$$13+20=\boxed{}$$
$$13+30=\boxed{}$$
$$13+40=\boxed{}$$

(2)
$$11+24=35$$
$$24+11=\boxed{}$$
$$31+38=\boxed{}$$
$$38+31=\boxed{}$$

(3)
$$65-10=\boxed{}$$
$$65-20=\boxed{}$$
$$65-30=\boxed{}$$

(4)
$$58-11=\boxed{}$$
$$58-12=\boxed{}$$
$$58-13=\boxed{}$$

🔍 그림을 보고 덧셈식과 뺄셈식으로 나타내 보세요. [**2~3**]

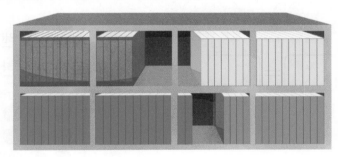

2 빨간색 책과 파란색 책은 모두 몇 권인지 덧셈식으로 나타내 보세요.

$$15+\boxed{}=\boxed{}$$

3 노란색 책은 초록색 책보다 몇 권 더 많은지 뺄셈식으로 나타내 보세요.

$$17-\boxed{}=\boxed{}$$

보충해 봐!
Basic Book
33쪽

개념 확인 ∞ 실력 문제

✅ **받아내림이 없는 (몇십몇)−(몇), (몇십)−(몇십), (몇십몇)−(몇십몇)**

10개씩 묶음의 수끼리 뺀 수, 낱개의 수끼리 뺀 수를 내려 씁니다.

$$
\begin{array}{r} 2\ 6 \\ -\ \ \ 3 \\ \hline 2\ 3 \end{array}
\qquad
\begin{array}{r} 4\ 0 \\ -\ 2\ 0 \\ \hline 2\ 0 \end{array}
\qquad
\begin{array}{r} 2\ 4 \\ -\ 1\ 1 \\ \hline 1\ 3 \end{array}
$$

---

1 뺄셈을 해 보세요.

(1)
$$\begin{array}{r} 4\ 8 \\ -\ \ \ 7 \\ \hline \ \end{array}$$

(2)
$$\begin{array}{r} 6\ 9 \\ -\ 1\ 5 \\ \hline \ \end{array}$$

2 남은 달걀이 몇 개인지 구하려고 합니다. ☐ 안에 알맞은 수를 써넣으세요.

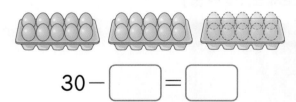

$$30 - \boxed{} = \boxed{}$$

3 차가 같은 것을 모두 찾아 색칠해 보세요.

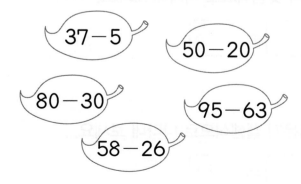

37−5   50−20   80−30   95−63   58−26

---

4 그림을 보고 빈칸에 알맞은 수를 써넣으세요.

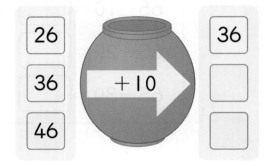

26 36 46 → +10 → 36 ☐ ☐

5 사과는 오렌지보다 몇 개 더 많은지 바르게 계산한 것에 ◯표 하세요.

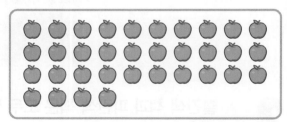

$$\begin{array}{r} 3\ 4 \\ -\ \ \ 2 \\ \hline 3\ 2 \end{array}
\qquad
\begin{array}{r} 3\ 4 \\ -\ 2 \\ \hline 1\ 4 \end{array}$$

(   )   (   )

---

6 색종이가 **39**장 있었는데 민재가 **4**장을 사용했습니다. 남은 색종이는 몇 장일까요?

식 ___ 39 − ☐ = ☐ ___

답 ___

7 유라가 말하는 수를 구해 보세요.

내 수는 **29**보다 **13**만큼 더 작은 수야.

유라

( )

8 차가 가장 큰 것을 찾아 ◯표 하세요.

| 5 6 | | 6 8 | | 9 6 |
| − 5 | | − 2 3 | | − 4 0 |

( ) ( ) ( )

9 가장 큰 수와 가장 작은 수의 차는 얼마일까요?

| 35 6 47 |

( )

⊕ 그림을 보고 덧셈식과 뺄셈식으로 나타내 보세요. [10~11]

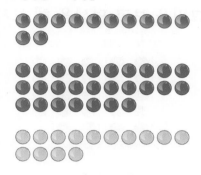

10 초록색 구슬과 파란색 구슬은 모두 몇 개인지 덧셈식으로 나타내 보세요.

☐ + ☐ = ☐

11 파란색 구슬은 노란색 구슬보다 몇 개 더 많은지 뺄셈식으로 나타내 보세요.

☐ − ☐ = ☐

교과서 역량 문제 💡

12 두 상자에서 수를 하나씩 골라 식을 써 보세요.

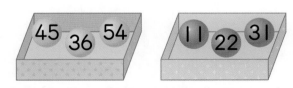

45 36 54 · 11 22 31

➕ 두 상자에서 수를 골라 만들 수 있는 덧셈식과 뺄셈식은 여러 가지가 나옵니다.

☐ + ☐ = ☐

☐ − ☐ = ☐

단원 마무리

1 그림을 보고 덧셈을 해 보세요.

$$24+3=\boxed{}$$

2 그림을 보고 뺄셈을 해 보세요.

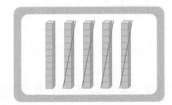

$$50-40=\boxed{}$$

3 덧셈을 해 보세요.

$$\begin{array}{r} 2\ 3 \\ +\ 3\ 6 \\ \hline \boxed{} \end{array}$$

4 바르게 계산한 것에 ○표 하세요.

$$\begin{array}{r} 4\ 6 \\ -\ 3 \\ \hline 1\ 6 \end{array}$$
(   )

$$\begin{array}{r} 4\ 6 \\ -\ \ \ 3 \\ \hline 4\ 3 \end{array}$$
(   )

5 계산 결과를 찾아 선으로 이어 보세요.

50+7	16+43	79−21
·	·	·
·	·	·
57	58	59

6 덧셈을 해 보세요.

$$32+20=\boxed{}$$
$$32+30=\boxed{}$$
$$32+40=\boxed{}$$

7 그림을 보고 빈칸에 알맞은 수를 써 넣으세요.

49
48
47
−10
39

8 계산 결과가 같은 것끼리 같은 색으로 칠해 보세요.

52+4	69−22
41+6	58−2

▶ 정답과 풀이 **23**쪽

점수 [　　] 확인 [　　]

9 계산 결과의 크기를 비교하여 ◯ 안에 >, =, <를 알맞게 써넣으세요.

$$10+40 \bigcirc 47-3$$

잘 틀리는 문제 🔍

10 동규가 말하는 수를 구해 보세요.

내 수는 34보다 12만큼 더 큰 수야.

동규

(　　　　　　　)

11 밤을 세진이는 40개 주웠고, 예지는 30개 주웠습니다. 세진이와 예지가 주운 밤은 모두 몇 개일까요?

(　　　　　　　)

12 수학 시험에서 현주는 95점을 받았고, 윤호는 현주보다 5점 낮게 받았습니다. 윤호가 받은 점수는 몇 점일까요?

(　　　　　　　)

13 가장 큰 수와 가장 작은 수의 차는 얼마일까요?

80 78 60

(　　　　　　　)

6 단원

20강

➕ 그림을 보고 덧셈식과 뺄셈식으로 나타내 보세요. [14~15]

14 빨간색 크레파스와 파란색 크레파스는 모두 몇 개인지 덧셈식으로 나타내 보세요.

$$\boxed{}+\boxed{}=\boxed{}$$

15 빨간색 크레파스는 파란색 크레파스보다 몇 개 더 많은지 뺄셈식으로 나타내 보세요.

$$\boxed{}-\boxed{}=\boxed{}$$

16 계산 결과가 가장 작은 것을 찾아 △표 하세요.

33＋11	57－24	39－5

(   ) (   ) (   )

17 ⬤ 모양에 적힌 수의 차를 구해 보세요.

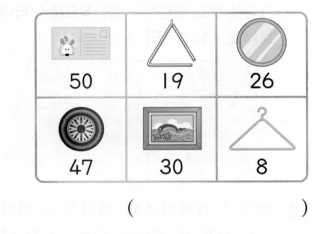

(   )

18 두 주머니에서 수를 하나씩 골라 식을 써 보세요.

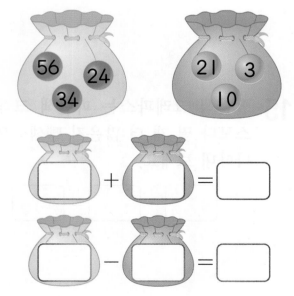

□ ＋ □ ＝ □

□ － □ ＝ □

---

19 공원에 학생 17명이 있었는데 학생 12명이 공원으로 더 왔습니다. 공원에 있는 학생은 모두 몇 명인지 풀이 과정을 쓰고 답을 구해 보세요.

❶ 문제에 알맞은 식 만들기

풀이 _____

_____

❷ 공원에 있는 학생 수 구하기

풀이 _____

_____

답 _____

20 초콜릿이 25개 있고, 과자가 13개 있습니다. 초콜릿은 과자보다 몇 개 더 많은지 풀이 과정을 쓰고 답을 구해 보세요.

❶ 문제에 알맞은 식 만들기

풀이 _____

_____

❷ 초콜릿은 과자보다 몇 개 더 많은지 구하기

풀이 _____

_____

답 _____

감성 인식 기술 전문가

감성 인식 기술 전문가는 컴퓨터나 로봇 같은 기계가 사람의 표정, 체온,

목소리 등을 통해 사람의 감성을 알 수 있는 기술을 개발하는 일을 해요.

여러 곳에 관심이 있고, 새로운 생각을 해 낼 수 있는 사람에게 꼭 맞는 직업이에요!

○ 그림을 색칠하며 '감성 인식 기술 전문가'라는 직업을 상상해 보세요.

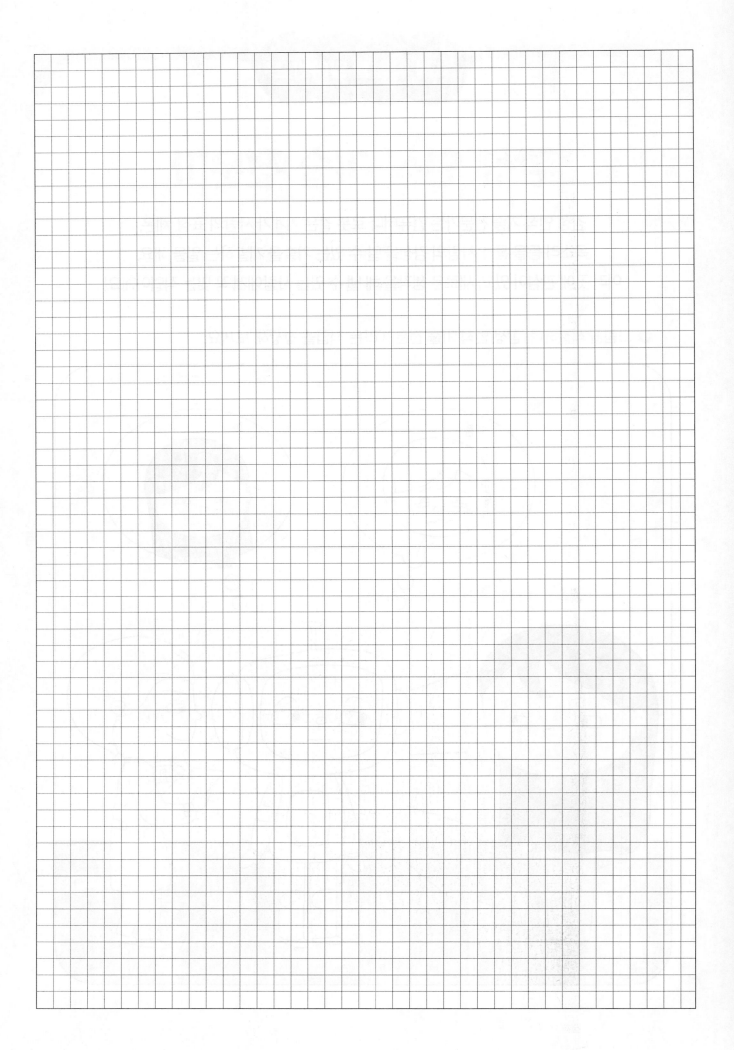

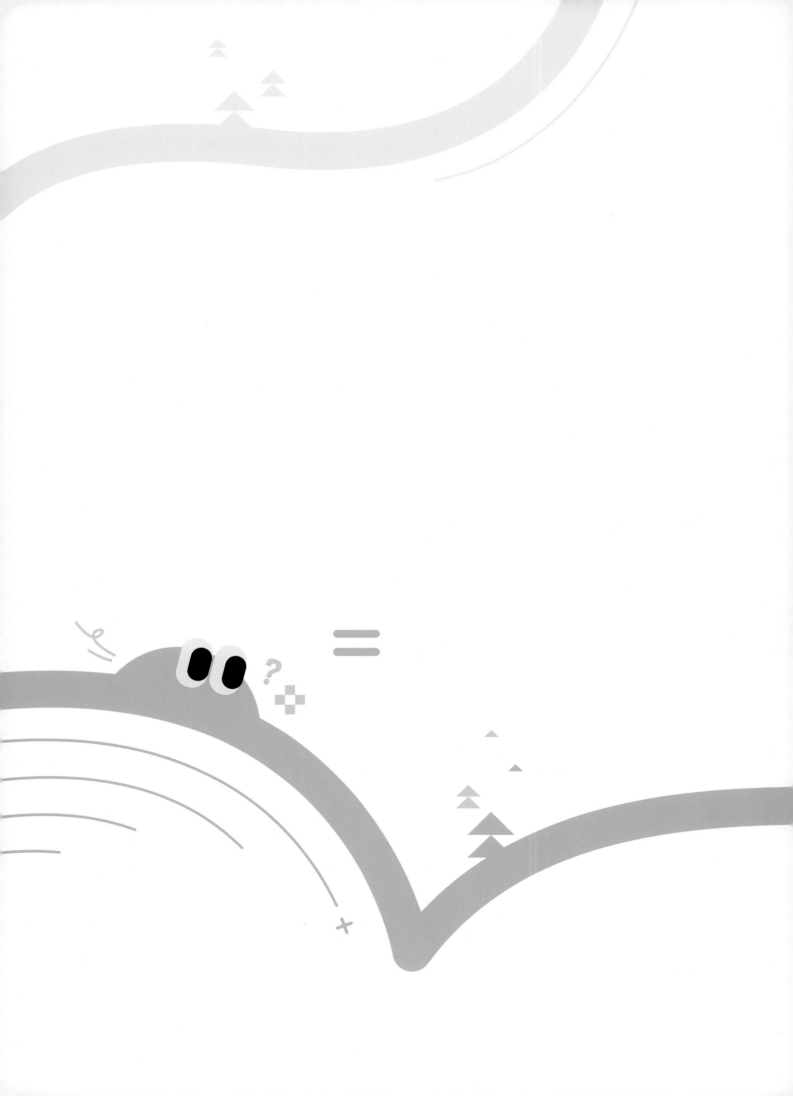

교과서 개념 잡기

정답과 풀이

초등 수학

1·2

visang

ABOVE IMAGINATION

우리는 남다른 상상과 혁신으로
교육 문화의 새로운 전형을 만들어
모든 이의 행복한 경험과 성장에 기여한다

교과서
개념
잡기

정답과 풀이

초등 수학

1·2

정답과 풀이

1 100까지의 수

8쪽 교과서 **개념 1**

1 6 / 60
2 (1) 70 / 칠십 (2) 80 / 여든

9쪽 수학 익힘 **기본 문제**

1 (1) 7 / 70 (2) 9, 0 / 90
2 예
/ 6 / 60
3

1 (1) 10개씩 묶음 7개와 낱개 0이므로 수로
나타내면 70입니다.
(2) 10개씩 묶음 9개와 낱개 0이므로 수로
나타내면 90입니다.

2 10개씩 묶어 보면 10개씩 묶음 6개이므로
수로 나타내면 60입니다.

3 • 80(팔십 또는 여든)
• 60(육십 또는 예순)
• 90(구십 또는 아흔)

10쪽 교과서 **개념 2**

1 5 / 65
2 (1) 육십삼
64 / 육십사
(2) 52 / 쉰둘
62 / 예순둘

11쪽 수학 익힘 **기본 문제**

1 (1) 5 / 54 (2) 6, 7 / 67
2 예
/ 7, 8 / 78
3

1 (1) 10개씩 묶음 5개와 낱개 4개이므로 수로
나타내면 54입니다.
(2) 10개씩 묶음 6개와 낱개 7개이므로 수로
나타내면 67입니다.

2 10개씩 묶어 보면 10개씩 묶음 7개와 낱개 8개
이므로 수로 나타내면 78입니다.

3 • 56(오십육 또는 쉰여섯)
• 94(구십사 또는 아흔넷)
• 83(팔십삼 또는 여든셋)

12쪽 교과서 **개념 3**

1 (1) 57, 59 (2) 57, 59
2 (위에서부터) 53, 56 / 65, 70 /
78 / 82, 84 / 91, 97

13쪽 수학 익힘 **기본 문제**

1 66, 68
2 (1) 74, 76 (2) 87, 90
3

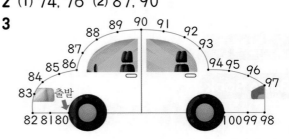

1 67보다 1만큼 더 작은 수는 67 바로 앞의 수인
66이고, 67보다 1만큼 더 큰 수는 67 바로 뒤
의 수인 68입니다.

2 (1) 75보다 I만큼 더 작은 수는 74이고, 75보다
I만큼 더 큰 수는 76입니다.

(2) 86보다 I만큼 더 큰 수는 87이고, 89보다
I만큼 더 큰 수는 90입니다.

3 80부터 I00까지의 수를 순서대로 이어 그림을
완성합니다.

| 14쪽 | 교과서 **개념 ④** |

1 62, 55 / 55, 큽니다 / 62, 작습니다
2 >

| 15쪽 | 수학 익힘 **기본 문제** |

1 < / 작습니다 / 큽니다
2 <
3 (1) > (2) <
4 (1) 큽니다 (2) 82

---

1 I0개씩 묶음의 수가 6으로 같으므로 낱개의
수를 비교하면 5<9입니다. ⇨ 65<69

2 수 배열에서 오른쪽에 있는 수가 더 큽니다.
⇨ 73<76

3 (1) I0개씩 묶음의 수를 비교하면 8>7입니다.
⇨ 80>70
(2) I0개씩 묶음의 수가 9로 같으므로 낱개의
수를 비교하면 2<6입니다. ⇨ 92<96

| 16쪽 | 교과서 **개념 ⑤** |

1 (1) 예
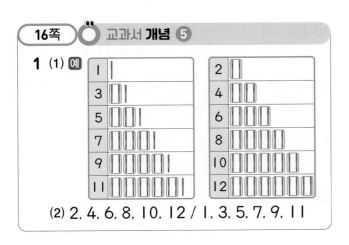

(2) 2, 4, 6, 8, 10, 12 / 1, 3, 5, 7, 9, 11

| 17쪽 | 수학 익힘 **기본 문제** |

1 (1) 예
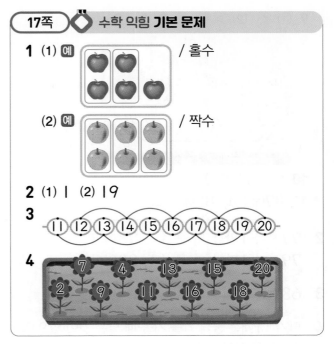
/ 홀수

(2) 예 / 짝수

2 (1) I (2) I9
3

4

---

1 (1) 사과 5개는 둘씩 짝을 지을 때 남는 것이
있으므로 5는 홀수입니다.
(2) 배 6개는 둘씩 짝을 지을 때 남는 것이
없으므로 6은 짝수입니다.

2 홀수는 낱개의 수가 I, 3, 5, 7, 9인 수입니다.

3 짝수는 낱개의 수가 0, 2, 4, 6, 8인 수이고,
홀수는 낱개의 수가 I, 3, 5, 7, 9인 수입니다.
참고 짝수와 홀수는 각각 2씩 뛰어 셀 수 있습니다.

4 짝수는 낱개의 수가 0, 2, 4, 6, 8인 수이고,
홀수는 낱개의 수가 I, 3, 5, 7, 9인 수입니다.
따라서 짝수는 2, 4, I6, I8, 20이고, 홀수는
7, 9, II, I3, I5입니다.

| 18~19쪽 | 교과서 **개념 확인** + 수학 익힘 **실력 문제** |

I, >

1 6, 0 / 60   **2** 78, 80
3 육십팔   **4** II, 홀수
5 93,
6
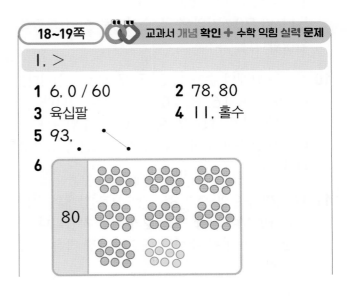

7 (1) < (2) >   **8** 4, 18

9

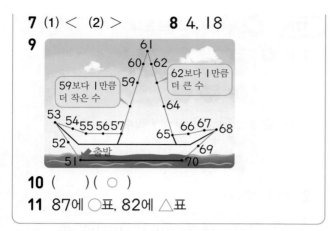

10 ( ) (○)

11 87에 ○표, 82에 △표

2 77보다 1만큼 더 큰 수는 78이고,
79보다 1만큼 더 큰 수는 80입니다.

3 68번은 육십팔 번으로 읽습니다.

4 딸기 11개는 둘씩 짝을 지을 때 남는 것이 있으므로
11은 홀수입니다.

5 10개씩 묶음 9개와 낱개 3개
⇨ 93(구십삼 또는 아흔셋)

6 80 ⇨ 10개씩 묶음 8개
10개씩 묶어 세면 10개씩 묶음 7개이므로
●를 10개 더 그려야 합니다.

7 (1) 58 < 85   (2) 97 > 96
        ‿‿   ‿‿
       5 < 8   7 > 6

8 짝수는 낱개의 수가 0, 2, 4, 6, 8인 수입니다.
따라서 짝수는 4, 18입니다.

9 59보다 1만큼 더 작은 수는 58이고, 62보다
1만큼 더 큰 수는 63입니다.
51부터 70까지의 수를 순서대로 이어 그림을
완성합니다.

10 홀수는 낱개의 수가 1, 3, 5, 7, 9인 수입니다.
• 왼쪽 상자: 16, 8, 20은 모두 짝수입니다.
• 오른쪽 상자: 15, 7, 9는 모두 홀수입니다.
따라서 홀수만 모여 있는 상자는 오른쪽 상자입
니다.

11 10개씩 묶음의 수가 8로 같으므로 낱개의 수를
비교하면 7이 가장 크고, 2가 가장 작습니다.
⇨ 87이 가장 큰 수이고, 82가 가장 작은 수입
니다.

20~22쪽 **단원 마무리**

💬 서술형 문제는 풀이를 꼭 확인하세요!

1 8 / 80   **2** 9, 4 / 94

3

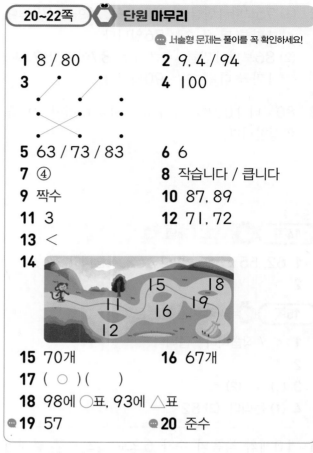

4 100

5 63 / 73 / 83   **6** 6

7 ④   **8** 작습니다 / 큽니다

9 짝수   **10** 87, 89

11 3   **12** 71, 72

13 <

14

15 70개   **16** 67개

17 (○) ( )

18 98에 ○표, 93에 △표

💬**19** 57   💬**20** 준수

3 •90(구십 또는 아흔)
•70(칠십 또는 일흔)

5 •10개씩 묶음 6개와 낱개 3개 ⇨ 63
•10개씩 묶음 7개와 낱개 3개 ⇨ 73
•10개씩 묶음 8개와 낱개 3개 ⇨ 83

6 60 ⇨ 10개씩 묶음 6개

7 ④ 86(팔십육 또는 여든여섯)

9 공 8개는 둘씩 짝을 지을 때 남는 것이 없으므로
8은 짝수입니다.

10 88보다 1만큼 더 작은 수는 87이고,
88보다 1만큼 더 큰 수는 89입니다.

11 홀수는 낱개의 수가 1, 3, 5, 7, 9인 수입니다.
따라서 홀수는 3입니다.

12 70보다 1만큼 더 큰 수는 71이고,
71보다 1만큼 더 큰 수는 72입니다.

13 78 < 84
     ‿‿
    7 < 8

14 홀수는 낱개의 수가 1, 3, 5, 7, 9인 수입니다.
따라서 홀수는 11, 15, 19입니다.

15 10개씩 묶음 7개 ⇨ 70

16 10개씩 묶음 6개와 낱개 7개 ⇨ 67

17 짝수는 낱개의 수가 0, 2, 4, 6, 8인 수입니다.
· 왼쪽: 6, 10, 14는 모두 짝수입니다.
· 오른쪽: 13, 9, 17은 모두 홀수입니다.
따라서 짝수만 모여 있는 것은 왼쪽입니다.

18 10개씩 묶음의 수가 9로 같으므로 낱개의 수를
비교하면 8이 가장 크고, 3이 가장 작습니다.
⇨ 98이 가장 큰 수이고, 93이 가장 작은 수입
니다.

19 ❶ 예 수로 나타내면 칠십오는 75, 일흔다섯은
75입니다.
❷ 예 나타내는 수가 다른 하나는 57입니다.

채점 기준	
❶ 수로 나타내기	3점
❷ 나타내는 수가 다른 하나를 찾아 쓰기	2점

20 ❶ 예 63과 59의 10개씩 묶음의 수를 비교
하면 6>5이므로 63>59입니다.
❷ 예 구슬을 더 많이 가지고 있는 사람은 준수
입니다.

채점 기준	
❶ 63과 59의 크기 비교하기	3점
❷ 구슬을 더 많이 가지고 있는 사람 구하기	2점

미래 직업을 알아봐요!

문화 중재자

2 덧셈과 뺄셈(1)

26쪽 교과서 개념 ❶

1 (1) 2, 1 (2) 2, 1
(3) (계산 순서대로) 5, 5, 6 / 2, 1, 6
(4) 6개

27쪽 수학 익힘 기본 문제

1 (1) 2, 6 (2) 3, 8
2
3 (1) 7 / (계산 순서대로) 6, 6, 7
(2) 9 / (계산 순서대로) 3, 3, 9

2 빨간색 종이 4장, 노란색 종이 3장, 파란색 종이
1장을 모두 더하는 덧셈식은 4+3+1입니다.
⇨ 4+3+1=7+1=8

28쪽 교과서 개념 ❷

1 (1) 1, 2 (2) 1, 2
(3) (계산 순서대로) 5, 5, 3 / 1, 2, 3
(4) 3개

29쪽 수학 익힘 기본 문제

1 (1) 1, 5 (2) 3, 3
2
3 (1) 2 / (계산 순서대로) 3, 3, 2
(2) 5 / (계산 순서대로) 7, 7, 5

2 파프리카 6개에서 파프리카 3개와 파프리카 2개
를 빼는 뺄셈식은 6-3-2입니다.
⇨ 6-3-2=3-2=1

30쪽 교과서 **개념 ③**

1 (1) 9, 10 / 10 (2) 9, 10 / 10 (3) 10장
2 9 / 1 / 같습니다

31쪽 수학 익힘 **기본 문제**

1 8, 9, 10 / 10   **2** (1) 10 (2) 10
3 6 / 8

2 (1) 장난감 5개와 5개를 더하면 모두 10개입니다.
⇨ 5+5=10
(2) 빵 9개에 1개를 더 놓으면 모두 10개입니다.
⇨ 9+1=10

3 • 오리 4마리와 6마리를 더하면 모두 10마리입니다. ⇨ 4+6=10
• 잠자리 8마리와 2마리를 더하면 모두 10마리입니다. ⇨ 8+2=10

32쪽 교과서 **개념 ④**

1 (1) 7, 8 / 7 (2) 7개
2 8 / 2

33쪽 수학 익힘 **기본 문제**

1 4, 5, 6 / 4   **2** (1) 3 (2) 6
3 5 / 1

2 (1) 벌 10마리 중 7마리가 날아가면 3마리가 남습니다. ⇨ 10-7=3
(2) 복숭아는 딸기보다 6개가 더 많습니다.
⇨ 10-4=6

3 • 사과 10개 중 5개가 떨어지면 사과 5개가 남습니다. ⇨ 10-5=5
• 새 10마리 중 1마리가 날아가면 새 9마리가 남습니다. ⇨ 10-1=9

34쪽 교과서 **개념 ⑤**

1 (1) 11, 12, 13 (2) 13
2 방법 ① 10, 11
방법 ② 10 / 11
같습니다

35쪽 수학 익힘 **기본 문제**

1 10, 4 / 14
2 (1) 6, 16 (2) 8, 18
3 (○)(   )(○)
4 (1) 15 (2) 12

1 나뭇잎 6장과 4장으로 10장을 만들고 4장을 더 더하면 나뭇잎은 모두 14장이 됩니다.

3 10을 만들어 더하려면 세 수 중에 합이 10인 두 수가 있어야 합니다.
따라서 10을 만들어 더할 수 있는 식은 5+2+8, 7+3+6입니다.

4 (1) 3+7+5=10+5=15
(2) 2+5+5=2+10=12

36~37쪽 교과서 **개념 확인** ➕ 수학 익힘 **실력 문제**

6, 4

1 (1) 9 (2) 4   **2** 7
3 14   **4** (   )(○)
5 예 [████████████] / 5, 5
6 6, 4 / 4개   **7** 8, 3, 3 / 3개
8 (○)(   )
9 예  / 3, 7
10 4, 2 또는 7-2-4=1

11 예

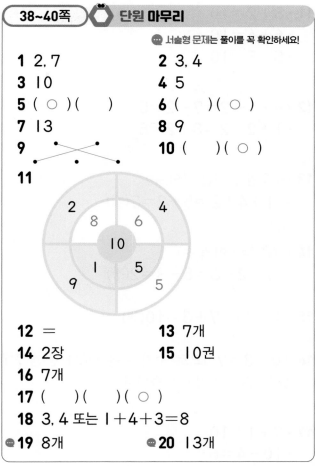

/ **예** 10=2+8, 10=3+7,
　　10=4+6, 10=5+5,
　　10=6+4, 10=7+3,
　　10=8+2, 10=9+1

1 (1) 4+3+2=7+2=9
　(2) 9−4−1=5−1=4

2 점 3개와 점 7개를 더하면 모두 10개입니다.
　⇨ 3+7=10

3 4+9+1=4+10=14

4 세 수의 뺄셈은 앞의 두 수를 빼고, 나온 수에서
　나머지 한 수를 빼야 합니다.

5 두 가지 색으로 색칠하고 색깔별로 세어서 덧셈식
　으로 나타냅니다.

6 (민서가 가지고 있는 초콜릿 수)
　−(현수가 가지고 있는 초콜릿 수)
　=10−6=4(개)

7 (전체 빵의 수)−(승규가 먹은 빵의 수)
　−(동생이 먹은 빵의 수)
　=8−3−2=5−2=3(개)

8 ・6+2+1=8+1=9
　・2+4+2=6+2=8
　⇨ 9>8

9 합이 10이 되도록 빈 접시에 ○를 그리고,
　□ 안에 각각의 접시에 그린 ○의 수를 써넣습
　니다.

10 7에서 순서대로 뺐을 때 1이 나오는 두 수는
　4와 2입니다.

11 더해서 10이 되는 두 수는 1과 9, 2와 8,
　3과 7, 4와 6, 5와 5입니다.
　이를 이용하여 10=□+□의 덧셈식을 씁니다.

💬 서술형 문제는 풀이를 꼭 확인하세요!

1 2, 7　　　　　　**2** 3, 4
3 10　　　　　　 **4** 5
5 (○)(　)　　 **6** (　)(○)
7 13　　　　　　 **8** 9
9 　　　　　　　 **10** (　)(○)
11

〔원형 도표: 가운데 10, 2, 4, 8, 6, 1, 5, 9, 5〕

12 =　　　　　　 **13** 7개
14 2장　　　　　 **15** 10권
16 7개
17 (　)(　)(○)
18 3, 4 또는 1+4+3=8
💬**19** 8개　　　　💬**20** 13개

5 10을 만들어 더하려면 세 수 중에 합이 10인
　두 수가 있어야 합니다.
　따라서 10을 만들어 더할 수 있는 식은
　4+2+8입니다.

6 세 수의 뺄셈은 앞의 두 수를 빼고, 나온 수에서
　나머지 한 수를 빼야 합니다.

7 1+9+3=10+3=13

8 3+4+2=7+2=9

9 ・4+6+3=10+3=13
　・1+7+3=1+10=11

10 ・1+4+3=5+3=8
　・2+4+1=6+1=7

11 ·8+2=10
· 6+4=10
· 5+5=10

12 · 8−1−2=7−2=5
· 1+2+2=3+2=5

13 (체육관에 있는 공의 수)
=1+4+2=5+2=7(개)

14 (남은 색종이의 수)
=7−2−3=5−3=2(장)

15 (책의 수)=7+3=10(권)

16 10−3=7이므로 수지는 윤호보다 풍선 7개를 더 많이 가지고 있습니다.

17 · 9+1=10
· 10−4=6
· 8+2+1=10+1=11

18 합이 7이 되는 두 수는 3과 4입니다.

💬**19** ❶ 예 세희가 가지고 있던 밤의 수에서 경미에게 준 밤의 수를 빼면 되므로 10−2를 계산합니다.
❷ 예 세희에게 남은 밤은 10−2=8(개)입니다.

채점 기준	
❶ 문제에 알맞은 식 만들기	2점
❷ 세희에게 남은 밤의 수 구하기	3점

💬**20** ❶ 예 아침에 먹은 귤의 수에 점심과 저녁에 먹은 귤의 수를 더하면 되므로 6+4+3을 계산합니다.
❷ 예 형우가 오늘 먹은 귤은 모두
6+4+3=10+3=13(개)입니다.

채점 기준	
❶ 문제에 알맞은 식 만들기	2점
❷ 형우가 오늘 먹은 귤의 수 구하기	3점

③ 모양과 시각

44쪽 교과서 개념 ❶

1
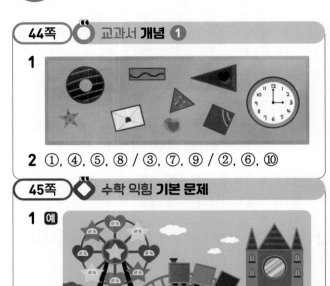

2 ①, ④, ⑤, ⑧ / ③, ⑦, ⑨ / ②, ⑥, ⑩

45쪽 수학 익힘 기본 문제

1 예
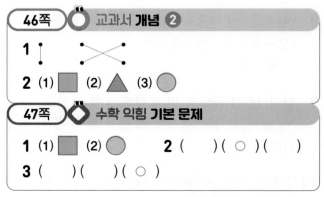

2 (선 연결)

2 · 접시, 튜브, 과녁 ⇨ ◯ 모양
· 자, 동화책, 달력 ⇨ ◼ 모양
· 삼각자, 표지판, 트라이앵글 ⇨ ▲ 모양

46쪽 교과서 개념 ❷

1 (선 연결)

2 (1) ◼ (2) ▲ (3) ◯

47쪽 수학 익힘 기본 문제

1 (1) ◼ (2) ◯ **2** ( )(◯)( )
3 ( )( )(◯)

1 (1) 주사위의 바닥을 납작하게 편 찰흙 위에 찍으면 ◼ 모양이 나옵니다.
(2) 연필꽂이의 바닥을 납작하게 편 찰흙 위에 찍으면 ◯ 모양이 나옵니다.

2 ·▲ 모양은 뾰족한 부분이 세 군데입니다.
· ⬤ 모양은 뾰족한 부분이 없습니다.

3 ·상자와 필통의 바닥을 본뜨면 ⬛ 모양이 그려집니다.
·케이크의 바닥을 본뜨면 ▲ 모양이 그려집니다.

48쪽 교과서 **개념 ❸**

1 5, 8, 2

2 예

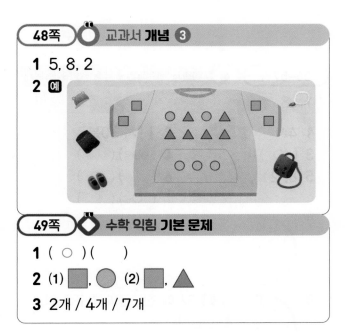

49쪽 수학 익힘 **기본 문제**

1 (○)( )

2 (1) ⬛, ⬤   (2) ⬛, ▲

3 2개 / 4개 / 7개

50~51쪽 교과서 **개념** 확인 ＋ 수학 익힘 **실력 문제**

1 ⬤

2 ( )(○)( )

3 ▲

4 (○)
( )

5

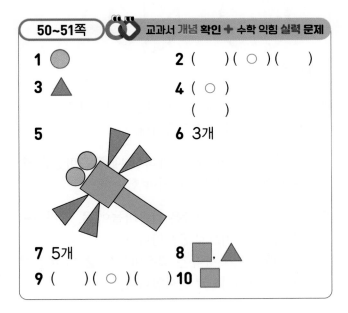

6 3개

7 5개

8 ⬛, ▲

9 ( )(○)( )

10 ⬛

---

2 지우개는 ⬛ 모양이고, 표지판은 ▲ 모양, 필통은 ⬛ 모양, 훌라후프는 ⬤ 모양입니다.
따라서 지우개와 같은 모양은 필통입니다.

3 연필꽂이의 바닥을 본뜨면 ▲ 모양이 그려집니다.

4 ·접시, 피자, 바퀴 ⇨ ⬤ 모양
·엽서, 수첩 ⇨ ⬛ 모양, 옷걸이 ⇨ ▲ 모양

5 ⬛ 모양끼리, ▲ 모양끼리, ⬤ 모양끼리 같은 색으로 칠합니다.

6 뾰족한 부분이 없는 모양은 ⬤ 모양입니다.
따라서 ⬤ 모양인 과자는 모두 3개입니다.

8 곧은 선과 뾰족한 부분이 있는 모양은 ⬛ 모양과 ▲ 모양입니다.

9 ·⬛ 모양은 1개 있습니다.
·▲ 모양은 7개 있습니다.

10 ⬛ 모양이 4개, ▲ 모양이 3개, ⬤ 모양이 2개 있습니다.
따라서 가장 많은 모양은 ⬛ 모양입니다.

52쪽 교과서 **개념 ❹**

1 (1) 10, 10   (2) 열   **2** 11 /

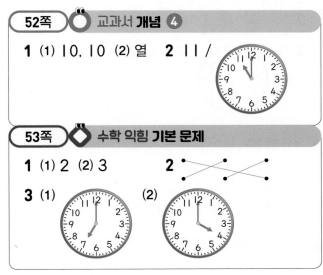

53쪽 수학 익힘 **기본 문제**

1 (1) 2   (2) 3

2

3 (1)   (2)

---

1 (1) 짧은바늘이 2, 긴바늘이 12를 가리키므로 2시입니다.
(2) 짧은바늘이 3, 긴바늘이 12를 가리키므로 3시입니다.

2 • 짧은바늘이 8, 긴바늘이 12를 가리키므로 8시입니다.
• 짧은바늘이 1, 긴바늘이 12를 가리키므로 1시입니다.
• 짧은바늘이 6, 긴바늘이 12를 가리키므로 6시입니다.
• ':' 앞은 1, ':' 뒤는 00이므로 1시입니다.
• ':' 앞은 6, ':' 뒤는 00이므로 6시입니다.
• ':' 앞은 8, ':' 뒤는 00이므로 8시입니다.

3 (1) ':' 앞은 7, ':' 뒤는 00이므로 7시입니다.
⇨ 7시는 짧은바늘이 7을 가리키도록 그립니다.
(2) ':' 앞은 4, ':' 뒤는 00이므로 4시입니다.
⇨ 4시는 짧은바늘이 4를 가리키도록 그립니다.

54쪽 교과서 개념 ⑤

1 (1) 2, 3, 2 (2) 두 **2** 6 /

55쪽 수학 익힘 기본 문제

1 (1) 4, 30 (2) 10, 30
2
3 (1)   (2)

1 (1) 짧은바늘이 4와 5 사이, 긴바늘이 6을 가리키므로 4시 30분입니다.
(2) 짧은바늘이 10과 11 사이, 긴바늘이 6을 가리키므로 10시 30분입니다.

2 • 짧은바늘이 7과 8 사이, 긴바늘이 6을 가리키므로 7시 30분입니다. ⇨ 저녁 식사하기
• 짧은바늘이 9와 10 사이, 긴바늘이 6을 가리키므로 9시 30분입니다. ⇨ 일기 쓰기
• 짧은바늘이 6과 7 사이, 긴바늘이 6을 가리키므로 6시 30분입니다. ⇨ 그림 그리기

3 (1) ':' 앞은 5, ':' 뒤는 30이므로 5시 30분입니다.
⇨ 5시 30분은 긴바늘이 6을 가리키도록 그립니다.
(2) ':' 앞은 8, ':' 뒤는 30이므로 8시 30분입니다.
⇨ 8시 30분은 긴바늘이 6을 가리키도록 그립니다.

56~57쪽 교과서 개념 확인 + 수학 익힘 실력 문제

1 / 8

1 4시   **2** 11시 30분
3 (○)(   )   **4** (○)(   )
5 8, 2   **6** (   )(○)
                            (○)(   )
7
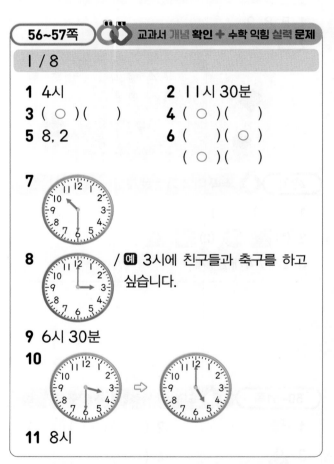
8 / 예 3시에 친구들과 축구를 하고 싶습니다.
9 6시 30분
10
11 8시

3 짧은바늘이 11, 긴바늘이 12를 가리키므로 11시이고, '열한 시'라고 읽습니다.

4 시계의 긴바늘이 6을 가리킬 때 짧은바늘은 숫자와 숫자 사이를 가리켜야 합니다.

5 • 학교에 도착한 시각은 짧은바늘이 8, 긴바늘이 12를 가리키므로 8시입니다.
• 노래를 부른 시각은 짧은바늘이 2, 긴바늘이 12를 가리키므로 2시입니다.

6 시계의 긴바늘이 6을 가리키면 '몇 시 30분'입니다.

따라서 시계의 긴바늘이 6을 가리키는 시각은 7시 30분, 12시 30분입니다.

7 ':' 앞은 10, ':' 뒤는 30이므로 10시 30분입니다.

10시 30분은 짧은바늘이 10과 11 사이를 가리키도록 그립니다.

8 3시는 짧은바늘이 3을 가리키도록 그립니다.

10 • 3시 30분은 짧은바늘이 3과 4 사이, 긴바늘이 6을 가리키도록 그립니다.

• 5시는 짧은바늘이 5, 긴바늘이 12를 가리키도록 그립니다.

11 긴바늘이 한 바퀴 움직일 때 짧은바늘은 7에서 8로 숫자 한 칸을 움직입니다.

따라서 짧은바늘이 8, 긴바늘이 12를 가리키므로 8시입니다.

58~60쪽 ⬡ **단원 마무리**

💬 서술형 문제는 풀이를 꼭 확인하세요!

1 (○)(　　)(　　)　　**2** ①, ③

3 3개　　**4** 1시

5 ▲　　**6** (　)(　)(○)

7 ●　　**8** 은지

9

10 (○)(　)

11 (○)(　)(　)

12 (○)(　)
(○)(　)　　**13** 2개, 4개, 3개

14 동규　　**15** 3시 30분

16 5개 / 4개　　**17** 5시

18 ●　　💬**19** 풀이 참조

💬**20** 풀이 참조

---

1 스케치북은 ■ 모양, 거울은 ● 모양, 삼각자는 ▲ 모양입니다.

3 ● 모양은 ②, ④, ⑤로 모두 3개입니다.

4 짧은바늘이 1, 긴바늘이 12를 가리키므로 1시입니다.

5 뾰족한 부분이 세 군데 있는 모양은 ▲ 모양입니다.

6 피자는 ● 모양이고, 과자는 ▲ 모양, 지폐는 ■ 모양, 다트 과녁은 ● 모양입니다.

따라서 피자와 같은 모양은 다트 과녁입니다.

7 컵의 바닥을 본뜨면 ● 모양이 그려집니다.

8 짧은바늘이 8과 9 사이, 긴바늘이 6을 가리키므로 8시 30분이고, '여덟 시 삼십 분'이라고 읽습니다.

따라서 시각을 바르게 읽은 사람은 은지입니다.

9 1시 30분은 짧은바늘이 1과 2 사이를 가리키도록 그립니다.

10 • 트라이앵글, 삼각 김밥 ⇨ ▲ 모양

• 바퀴 ⇨ ● 모양, 초콜릿 ⇨ ■ 모양

11 시계가 나타내는 시각을 왼쪽 시계부터 순서대로 쓰면 6시, 12시 30분, 12시 30분입니다.

12 시계의 긴바늘이 12를 가리키면 '몇 시'입니다.

따라서 시계의 긴바늘이 12를 가리키는 시각은 9시, 11시입니다.

13 • ■ 모양: ④, ⑧ ⇨ 2개

• ▲ 모양: ①, ⑤, ⑦, ⑨ ⇨ 4개

• ● 모양: ②, ③, ⑥ ⇨ 3개

14 뾰족한 부분이 ▇ 모양은 네 군데, ▲ 모양은
세 군데 있습니다.
따라서 바르게 이야기한 사람은 동규입니다.

17 긴바늘이 한 바퀴 움직일 때 짧은바늘은 4에서
5로 숫자 한 칸을 움직입니다.
따라서 짧은바늘이 5, 긴바늘이 12를 가리키
므로 5시입니다.

18 ▇ 모양이 2개, ▲ 모양이 3개, ⬤ 모양이 1개
있습니다.
따라서 가장 적은 모양은 ⬤ 모양입니다.

19 예 ▲ 모양은 뾰족한 부분이 있어서 자전거 바
퀴가 잘 굴러가지 않을 것입니다. 」❶

채점 기준	
❶ 자전거 바퀴가 ▲ 모양이라면 어떤 일이 생길지 쓰기	5점

20 ❶ 예 ':' 앞은 2, ':' 뒤는 00이므로 왼쪽 시계가
나타내는 시각은 2시입니다.
❷

채점 기준	
❶ 왼쪽 시계가 나타내는 시각 알아보기	2점
❷ 왼쪽 시계가 나타내는 시각을 오른쪽 시계에 나타내기	3점

미래 직업을 알아봐요!

날씨 조절 관리자

④ 덧셈과 뺄셈(2)

64쪽 교과서 **개념 ❶**

1 (1) 방법① 11, 12
방법② 예
◯	◯	◯	◯	◯		△	△		
◯	◯	△	△	△					
/ 12
방법③ 12
(2) 12개

65쪽 수학 익힘 **기본 문제**

1 11 **2** 14
3 4, 13 / 13마리

1 꽃 8송이에서 9, 10, 11로 이어 세기를 하면
꽃은 모두 11송이입니다.

2
◯	◯	◯	◯	◯		△	△	△	△
◯	◯	△	△	△					
⇨ 14개

3 (흰색 염소의 수)+(검은색 염소의 수)
＝9＋4＝13(마리)

66쪽 교과서 **개념 ❷**

1 (1) 3
(2) (계산 순서대로) 방법① 1, 11 방법② 1, 11
(3) 11개

67쪽 수학 익힘 **기본 문제**

1 (계산 순서대로) (1) 7, 17 (2) 7, 17
(3) 4, 3, 17
2 (1) 11 (2) 15 (3) 15 (4) 11
3 ╳

1 (1) 9와 1을 더하여 10을 만들고, 10과 남은
7을 더하면 17이 됩니다.
(2) 8과 2를 더하여 10을 만들고, 10과 남은
7을 더하면 17이 됩니다.
(3) 5와 5를 더하여 10을 만들고, 10과 남은
4와 3을 더하면 17이 됩니다.

2 (1) $7+4=11$ (2) $8+7=15$

          3 1   2 5

(3) $6+9=15$ (4) $5+6=11$

     5 1   1 4

3 ㆍ$8+5=13$ ㆍ$3+9=12$

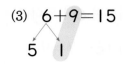 **68쪽** 교과서 **개념 ③**

1 (1) $13 / 14 / 1$ (2) $13 / 12 / 1$
2 (1) (위에서부터) $11 / 12, 11 / 12, 11$
    (2) **예** $7+5$, **예** $7+4$

2 1씩 작아지는 수에 1씩 커지는 수를 더하면 합은 같습니다.

69쪽 수학 익힘 **기본 문제**

1 (1) $13 / 14 / 15$ (2) $15 / 14 / 13$
    (3) $11 / 11$ (4) $13 / 13$

2

$5+6$			
$5+7$	$4+7$		
$5+8$	$4+8$	$3+8$	
$5+9$	$4+9$	$3+9$	$2+9$

1 (1) 같은 수에 1씩 커지는 수를 더하면 합은 1씩 커집니다.
    (2) 같은 수에 1씩 작아지는 수를 더하면 합은 1씩 작아집니다.
    (3) 두 수를 서로 바꾸어 더해도 합은 같으므로 $9+2$와 $2+9$는 모두 11입니다.
    (4) 두 수를 서로 바꾸어 더해도 합은 같으므로 $5+8$과 $8+5$는 모두 13입니다.

2 1씩 작아지는 수에 1씩 커지는 수를 더하면 합은 같습니다.
    $5+7=12$, $4+8=12$, $3+9=12$
    참고 모든 덧셈의 답을 구하지 않고도 합이 같은 식을 찾을 수 있습니다.

70~71쪽 교과서 **개념 확인** ✚ 수학 익힘 **실력 문제**

1

1 11
2 (계산 순서대로) (1) $1, 11$ (2) $6, 16$
3 (1) 15 (2) 14
4 $15 / 16 / 17 / 18$
5 (   ) (○)
6 $3, 12 / 12$병   **7** $8, 11 / 11$줄
8 8   **9** $>$
10

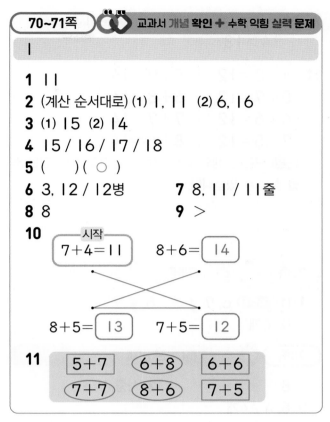

11

$5+7$	⬭$6+8$⬭	$6+6$
⬭$7+7$⬭	⬭$8+6$⬭	$7+5$

1 과자 6개에서 7, 8, 9, 10, 11로 이어 세기를 하면 과자는 모두 11개입니다.

2 (1) 8과 2를 더하여 10을 만들고, 10과 남은 1을 더하면 11이 됩니다.
    (2) 9와 1을 더하여 10을 만들고, 10과 남은 6을 더하면 16이 됩니다.

3 (1) $7+8=15$ (2) $5+9=14$

         3 5   4 1

4 같은 수에 1씩 커지는 수를 더하면 합은 1씩 커집니다.

5 ㆍ$8+4=12$ ㆍ$6+9=15$

6 (처음에 있던 주스의 수)+(더 넣은 주스의 수)
    $=9+3=12$(병)

7 (치즈 김밥의 수)+(참치 김밥의 수)
    $=3+8=11$(줄)

8 같은 수에 1 커지는 수를 더하면 합은 1 커집니다.

9 · 6+8=14   · 9+4=13
   ⇨ 14>13

11 · 4+8=12 │ · 5+9=14
   5+7=12 │ 6+8=14
   6+6=12 │ 7+7=14
   7+5=12 │ 8+6=14

참고 모든 덧셈의 답을 구하지 않고도 합이 같은 식을 찾을 수 있습니다.

72쪽 ○ 교과서 **개념 4**

1 (1) 방법① 6, 7 방법② 6 방법③ 6
   (2) 6개

73쪽 ◇ 수학 익힘 **기본 문제**

1 8   **2** 사탕, 7
3 8, 4 / 4개

1 색종이 14장에서 13, 12, 11, 10, 9, 8로 거꾸로 세기를 하면 남는 색종이는 8장입니다.

2 사탕과 초콜릿을 하나씩 짝 지으면 사탕이 7개 더 많습니다.

3 (빵의 수)−(우유의 수)=12−8=4(개)

74쪽 ○ 교과서 **개념 5**

1 (1) 7
   (2) (계산 순서대로) 방법① 5, 5 방법② 2, 5
   (3) 5개

75쪽 ◇ 수학 익힘 **기본 문제**

1 (계산 순서대로) 3, 10
2 (계산 순서대로) (1) 4, 6 (2) 4, 6
3 (1) 10 (2) 9
4

1 13을 10과 3으로 가르기하여 3을 빼면 10이 됩니다.

---

2 (1) 14에서 4를 먼저 빼고, 남은 10에서 4를 빼면 6이 됩니다.
   (2) 14를 10과 4로 가르기하여 10에서 8을 빼고, 남은 2와 4를 더하면 6이 됩니다.

3 (1) 15−5=10   (2) 16−7=9
        ↓ ↓   ↓ ↓
       10 5   6 1

4 · 11−3=8   · 15−9=6

76쪽 ○ 교과서 **개념 6**

1 (1) 4 / 3 / 1 (2) 4 / 5 / 1
2 (1) (위에서부터) 9, 8 / 9, 8 / 9
   (2) 예 16−8, 예 16−7

2 1씩 커지는 수에서 1씩 커지는 수를 빼면 차는 같습니다.

77쪽 ◇ 수학 익힘 **기본 문제**

1 (1) 7 / 8 / 9 (2) 6 / 5 / 4
   (3) 6 / 5 / 4 (4) 9 / 9 / 9

2

11−3	11−4	11−5	11−6
	12−4	12−5	12−6
		13−5	13−6
			14−6

1 (1) 1씩 커지는 수에서 같은 수를 빼면 차는 1씩 커집니다.
   (2) 같은 수에서 1씩 커지는 수를 빼면 차는 1씩 작아집니다.
   (3) 1씩 작아지는 수에서 같은 수를 빼면 차는 1씩 작아집니다.
   (4) 1씩 커지는 수에서 1씩 커지는 수를 빼면 차는 같습니다.

2 1씩 커지는 수에서 1씩 커지는 수를 빼면 차는 같습니다.
   11−4=7, 12−5=7, 13−6=7

참고 모든 뺄셈의 답을 구하지 않고도 차가 같은 식을 찾을 수 있습니다.

1

1 7
2 (계산 순서대로) (1) 2, 10 (2) 1, 9
3 (1) 10 (2) 2　　　　**4** 3 / 4 / 5 / 6
5 (×) ( ) ( )　　**6** 9, 5 / 5개
7 8, 5 / 5마리　　　　**8** 9
9 13, 4, 9　　　　　**10** 7, 6
11

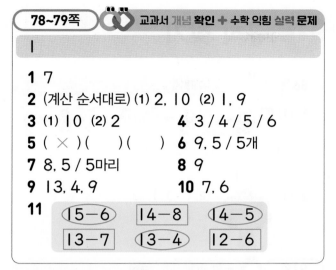

　15−6　　14−8　　14−5
　13−7　　13−4　　12−6

1 노란색 구슬과 파란색 구슬을 하나씩 짝 지으면 노란색 구슬이 7개 더 많습니다.

2 (1) 12를 10과 2로 가르기하여 2를 빼면 10이 됩니다.
　(2) 15에서 5를 먼저 빼고, 남은 10에서 1을 빼면 9가 됩니다.

3 (1) 14−4=10　　(2) 11−9=2
　　　10　4　　　　　　10　1

4 같은 수에서 1씩 작아지는 수를 빼면 차는 1씩 커집니다.

5 ·17−9=8　　　·16−7=9
　·14−5=9

6 (처음에 있던 과자의 수)−(먹은 과자의 수)
　=14−9=5(개)

7 (물개의 수)−(돌고래의 수)
　=13−8=5(마리)

8 가장 큰 수는 12이고, 가장 작은 수는 3입니다.
　⇨ 12−3=9

9 큰 수부터 순서대로 쓰면 13, 9, 4이므로 뺄셈 식을 만들면 13−9=4, 13−4=9입니다.

10 1씩 커지는 수에서 1씩 커지는 수를 빼면 차는 같습니다.

11 ·15−9=6　　·16−7=9
　　14−8=6　　　15−6=9
　　13−7=6　　　14−5=9
　　12−6=6　　　13−4=9

참고 모든 뺄셈의 답을 구하지 않고도 차가 같은 식을 찾을 수 있습니다.

💬 서술형 문제는 풀이를 꼭 확인하세요!

1 12　　　　　　　　**2** 3
3 (계산 순서대로) 6, 10
4 (계산 순서대로) 2, 17
5 (계산 순서대로) 1, 7
6 11 / 12 / 13　　　**7** 6 / 6 / 6
8 유나　　　　　　　**9**

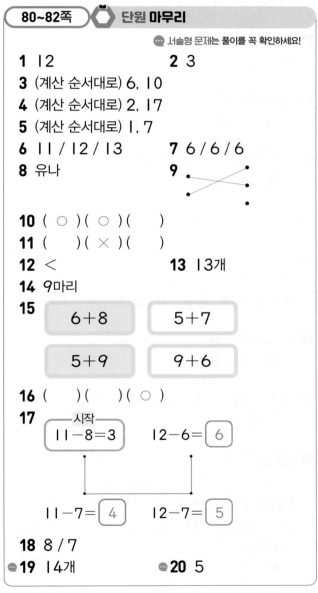

10 (○) (○) ( )
11 ( ) (×) ( )
12 <　　　　　　　**13** 13개
14 9마리
15

| 6+8 | 5+7 |
| 5+9 | 9+6 |

16 ( ) ( ) (○)
17
시작
11−8=3　　12−6=　6
11−7=　4　　12−7=　5
18 8 / 7
💬**19** 14개　　　💬**20** 5

4 8과 2를 더하여 10을 만들고, 10과 남은 7을 더하면 17이 됩니다.

5 11에서 1을 먼저 빼고, 남은 10에서 3을 빼면 7이 됩니다.

6 1씩 커지는 수에 같은 수를 더하면 합은 1씩 커집니다.

7 1씩 작아지는 수에서 1씩 작아지는 수를 빼면 차는 같습니다.

8 • 5+8=13   • 7+4=11

9 • 12−3=9   • 13−5=8

10 • 13−6=7   • 16−9=7
     • 15−6=9

11 • 3+8=11   • 9+4=13
     • 6+5=11

12 • 2+9=11   • 4+8=12
     ⇨ 11<12

13 (가지고 있는 머리핀의 수)
     =7+6=13(개)

14 (양의 수)−(토끼의 수)=13−4=9(마리)

15 1씩 작아지는 수에 1씩 커지는 수를 더하면 합은 같습니다.
     7+7=14, 6+8=14, 5+9=14

16 • 14−9=5   • 12−5=7
     • 15−7=8

18 1씩 커지는 수에 1씩 작아지는 수를 더하면 합은 같습니다.

19 ❶ 예 빨간색 공의 수와 파란색 공의 수를 더하면 되므로 9+5를 계산합니다.
     ❷ 예 공은 모두 9+5=14(개)입니다.

채점 기준	
❶ 문제에 알맞은 식 만들기	2점
❷ 공의 수 구하기	3점

20 ❶ 예 가장 큰 수는 11이고, 가장 작은 수는 6입니다.
     ❷ 예 가장 큰 수와 가장 작은 수의 차는 11−6=5입니다.

채점 기준	
❶ 가장 큰 수와 가장 작은 수 구하기	2점
❷ 가장 큰 수와 가장 작은 수의 차 구하기	3점

5 규칙 찾기

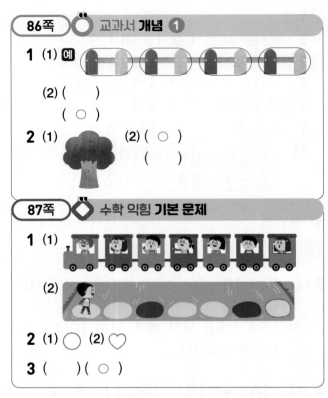

86쪽 교과서 개념 ❶

1 (1) 예
     (2) (   )
        (○)

2 (1)   (2) (○)
              (   )

87쪽 수학 익힘 기본 문제

1 (1)

    (2)

2 (1) ○   (2) ♡

3 (   )(○)

1 (1) 주황색, 파란색이 반복되므로 파란색 다음에는 주황색을 칠해야 합니다.
     (2) 노란색, 노란색, 보라색이 반복되므로 보라색 다음에는 노란색을 칠해야 합니다.

2 (1) ▽, ○가 반복되므로 ▽ 다음에는 ○가 놓여야 합니다.
     (2) ◇, ♡, ♡가 반복되므로 ◇ 다음에는 ♡가 놓여야 합니다.

88쪽 교과서 개념 ❷

1 (1) (○)   (2) (○)
     (   )   (   )

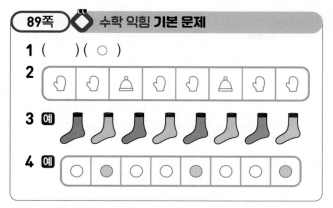

1 ( )(○)

2

3 예

4 예

1 유라는 연필, 연필, 지우개가 반복되는 규칙을 만들었습니다.

3 예 분홍색, 노란색이 반복되는 규칙으로 색칠합니다.
참고 규칙이 있고 이에 따라 색칠했으면 정답으로 인정합니다.

4 예 ○, ●, ○이 반복되는 규칙으로 그립니다.
참고 규칙이 있고 이에 따라 그렸으면 정답으로 인정합니다.

1 (1) (○)
   ( )
   (2)

2 예

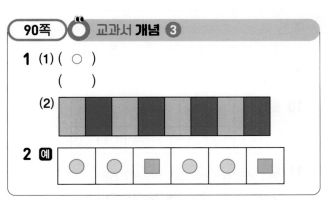

2 예 ●, ●, ■가 반복되는 규칙으로 그립니다.
참고 규칙이 있고 이에 따라 그렸으면 정답으로 인정합니다.

1

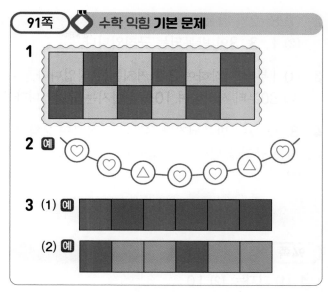

2 예

3 (1) **예**
   (2) **예**

1 • 첫째 줄은 노란색, 빨간색이 반복되므로 빨간색 다음에는 노란색, 빨간색을 칠해야 합니다.
   • 둘째 줄은 빨간색, 노란색이 반복되므로 노란색 다음에는 빨간색, 노란색을 칠해야 합니다.

2 예 ♡, ♡, △가 반복되는 규칙으로 그립니다.
참고 규칙이 있고 이에 따라 그렸으면 정답으로 인정합니다.

3 (1) **예** 빨간색, 파란색이 반복되는 규칙으로 색칠합니다.
   (2) **예** 초록색, 주황색, 주황색이 반복되는 규칙으로 색칠합니다.
참고 규칙이 있고 이에 따라 색칠했으면 정답으로 인정합니다.

1 (1) Ⅰ / 2 (2) 5 / Ⅰ
2 예 7, 9, 7, 9, 7, 9

2 예 7, 9가 반복되는 규칙으로 수를 써넣었습니다.
참고 반복되는 규칙이 있고 이에 따라 7과 9를 썼다면 정답으로 인정합니다.

1 2   **2** (1) 8, 2 (2) Ⅰ, 3
3 (1) Ⅰ0, Ⅰ6 (2) 50, 40, 20
4 예 3, 5, 7, 3, 5

정답과 풀이

2 (1) 8, 2가 반복되는 규칙입니다.
　(2) 1, 3, 3이 반복되는 규칙입니다.

3 (1) 1부터 시작하여 3씩 커지는 규칙입니다.
　(2) 80부터 시작하여 10씩 작아지는 규칙입니다.

4 3, 5, 7이 반복되거나 3부터 시작하여 2씩 커지는 규칙을 만들 수 있습니다.

94쪽 ◯ 교과서 **개념 ⑤**

1 (1) 커지는 (2) 10

2 예

41	42	43	44	45	46	47	48	49	50
51	52	53	54	55	56	57	58	59	60
61	62	63	64	65	66	67	68	69	70

　/ 41, 2

95쪽 ◇ 수학 익힘 **기본 문제**

1 (1) 1 (2) 10 (3) 57, 58, 59, 60

2
40	36	32	28	24
39	35	31	27	23
38	34	30	26	22
37	33	29	25	21

/ 3

1 (3) → 방향으로 1씩 커지므로 56부터 시작하여 1씩 커지는 수를 씁니다.

2 색칠한 수는 40부터 시작하여 3씩 작아지는 규칙입니다.

96쪽 ◯ 교과서 **개념 ⑥**

1 (1) △ (2) ◯, △, ◯, △

2 (1) 3 (2) 3, 2, 3, 3

97쪽 ◇ 수학 익힘 **기본 문제**

1 (1) △, ◯ (2) ▢, ▢

2 (1) 4, 2, 4 (2) 0, 2, 2

3 (◯) (　)

---

1 (1) 트라이앵글, 탬버린이 반복되는 규칙입니다.
　⇨ △, ◯가 반복되게 규칙을 나타냅니다.
　(2) 선물 상자, 선물 상자, 풍선이 반복되는 규칙입니다.
　⇨ ▢, ▢, ◯가 반복되게 규칙을 나타냅니다.

2 (1) 새, 강아지가 반복되는 규칙입니다.
　⇨ 2, 4가 반복되게 규칙을 나타냅니다.
　(2) 배, 배, 오토바이, 오토바이가 반복되는 규칙입니다.
　⇨ 0, 0, 2, 2가 반복되게 규칙을 나타냅니다.

3 두 발 서기, 한 발 서기, 두 발 서기가 반복되는 규칙입니다.

98~99쪽 ◯◯ 교과서 **개념 확인 ✚ 수학 익힘 실력 문제**

1 ↑, ←

2 은채

3
🍃	🌸	🌸	🍃	🌸	🌸

4 🎒 🎒 🎒 🎒 🎒 🎒 ✕

5 (왼쪽에서부터) 14, 23

6
(색칠된 격자 무늬)

7 5

8 예 (왼쪽에서부터) 25, 20, 15, 10

9 ▪ / 2, 1

10 예
◯	△	◯	△	◯	△	◯
△	◯	△	◯	△	◯	△

11
61	62	63	64	65	66	67	68
69	70	71	72	73	74	75	76
77	78	79	80	81	82	83	84

/ 예 61부터 시작하여 4씩 커지는 규칙입니다.

1 ↑, ←가 반복되므로 ← 다음에는 ↑, ←가 놓여야 합니다.

2 개수가 2개, 1개, 2개로 반복되는 규칙입니다.

4 가방, 모자가 반복되므로 모자 다음에는 가방을 놓아야 합니다.

5 5부터 시작하여 3씩 커지는 규칙입니다.

6 흰색, 노란색이 반복되는 규칙입니다.

8 40, 35, 30이 반복되거나 40부터 5씩 작아지는 규칙을 만들 수 있습니다.

9 ⚁, ⚀이 반복되는 규칙입니다.
⇨ 2, 1이 반복되게 규칙을 나타냅니다.

10 예 ○, △가 반복되는 규칙으로 무늬를 꾸밉니다.
참고 규칙이 있고 이에 따라 무늬를 꾸몄으면 정답으로 인정합니다.

11 색칠한 수는 61, 65, 69, 73, 77, 81입니다.
⇨ 61부터 시작하여 4씩 커지는 규칙입니다.

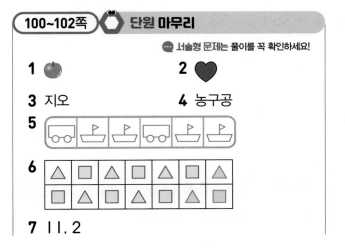

100~102쪽 ⬡ 단원 마무리

💬 서술형 문제는 풀이를 꼭 확인하세요!

1 🍎   **2** ❤

3 지오   **4** 농구공

5 [🚚 ⛵ ⛵ 🚚 ⛵ ⛵]

6 [△□△□△□△ / □△□△□△□]

7 11, 2

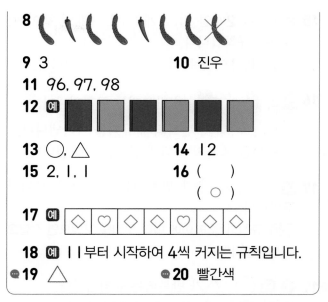

8 ⟨⟨⟨⟨⟨⟨⤫

9 3   **10** 진우

11 96, 97, 98

12 예 [🟥🟩🟥🟥🟥🟩]

13 ○, △   **14** 12

15 2, 1, 1   **16** (　)
　　　　　　　　 (○)

17 예 [◇♡◇◇♡◇◇]

18 예 11부터 시작하여 4씩 커지는 규칙입니다.

💬**19** △   💬**20** 빨간색

---

1 사과, 귤이 반복되므로 귤 다음에는 사과가 놓여야 합니다.

2 파란색, 파란색, 노란색이 반복되므로 노란색 다음에는 파란색을 칠해야 합니다.

3 나리는 주스, 우유가 반복되는 규칙을 만들었습니다.

6 △, □가 반복되는 규칙입니다.

8 오이, 고추, 오이가 반복되므로 첫 번째 오이 다음에는 고추를 놓아야 합니다.

9 3, 5, 7이 반복되는 규칙입니다.

10 [　]에 있는 수에는 71부터 시작하여 → 방향으로 1씩 커지는 규칙이 있습니다.

11 → 방향으로 1씩 커지므로 95부터 시작하여 1씩 커지는 수를 씁니다.

12 예 파란색, 분홍색이 반복되는 규칙으로 색칠합니다.
참고 규칙이 있고 이에 따라 색칠했으면 정답으로 인정합니다.

13 피자, 피자, 샌드위치가 반복되는 규칙입니다.
⇨ ○, ○, △가 반복되게 규칙을 나타냅니다.

14 27부터 시작하여 3씩 작아지는 규칙입니다.
⇨ 27−24−21−18−15−12−9이므로 ❤에 알맞은 수는 12입니다.

15 손잡이가 **2**개인 컵, **1**개인 컵, **1**개인 컵이 반복되는 규칙입니다.

⇨ **2**, **1**, **1**이 반복되게 규칙을 나타냅니다.

16 🧱, 🧱, 🧱이 반복되는 규칙입니다.

⇨ • ㄴ, ㄴ, ㅗ가 반복되게 규칙을 나타냅니다.

 • **3**, **3**, **4**가 반복되게 규칙을 나타냅니다.

17 📦 ◇, ♡, ◇가 반복되는 규칙으로 무늬를 꾸밉니다.

📋 규칙이 있고 이에 따라 무늬를 꾸몄으면 정답으로 인정합니다.

19 ❶ 📦 ◯, △가 반복되는 규칙입니다.

❷ 📦 ◯ 다음에는 △가 놓여야 하므로 빈칸에 알맞은 모양은 △입니다.

채점 기준	
❶ 규칙 찾기	3점
❷ 빈칸에 알맞은 모양 구하기	2점

20 ❶ 📦 노란색, 빨간색, 빨간색이 반복되는 규칙입니다.

❷ 📦 노란색 다음에는 빨간색이므로 ㄱ에 알맞은 색은 빨간색입니다.

채점 기준	
❶ 규칙 찾기	3점
❷ ㄱ에 알맞은 색 구하기	2점

미래 직업을 알아봐요!

스마트 의류 개발자

---

6 덧셈과 뺄셈(3)

106쪽 💍 교과서 **개념 ❶**

1 (1) 5

(2) 방법❶ **27**, **28**

방법❷

📦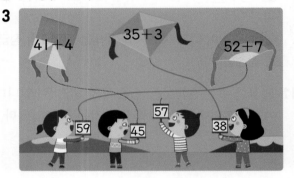

/ **28**

방법❸ **2**, **8**

(3) **28**개

107쪽 수학 익힘 **기본 문제**

1 (1) **36** (2) **26**

2 (1) **57** (2) **79**

3

41+4   35+3   52+7

59   45   57   38

1 (1) 귤 **30**개에서 **31**, **32**, **33**, **34**, **35**, **36**이라고 이어 세기를 합니다.

(2) 복숭아 **22**개에서 **23**, **24**, **25**, **26**이라고 이어 세기를 합니다.

2 (1) **54**에서 **3**을 이어 세면 **57**입니다.

(2) **71**에서 **8**을 이어 세면 **79**입니다.

3 • **35**+**3**=**38** • **52**+**7**=**59**

108쪽 💍 교과서 **개념 ❷**

1 (1) **11** (2) **3**, **6** (3) **36**장

1 (1) 40 (2) 37

2 (1) 80 (2) 65

3

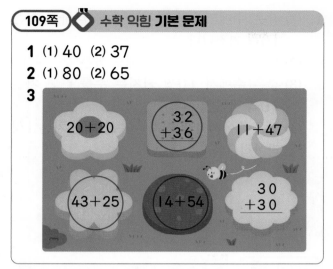

1 (1) 도토리 30개와 10개를 더하면 모두
  30＋10＝40(개)입니다.
  (2) 밤 14개와 23개를 더하면 모두
  14＋23＝37(개)입니다.

3 ・20＋20＝40   ・32＋36＝68
  ・11＋47＝58   ・43＋25＝68
  ・14＋54＝68   ・30＋30＝60

1 (1) 60 (2) 87   **2** 6, 29

3 (   )(○)(   )   **4**

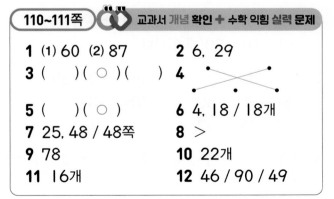

5 (   )(○)   **6** 4, 18 / 18개

7 25, 48 / 48쪽   **8** ＞

9 78   **10** 22개

11 16개   **12** 46 / 90 / 49

2 연필 23자루와 6자루를 더하면 모두
  23＋6＝29(자루)입니다.

3 34에서 5를 이어 세면 39입니다.

4 ・50＋3＝53   ・28＋11＝39
  ・32＋7＝39   ・20＋30＝50
  ・41＋12＝53

5 10개씩 묶음의 수끼리, 낱개의 수끼리 줄을 맞추어 계산해야 합니다.

6 (처음에 있던 사탕의 수)＋(더 산 사탕의 수)
  ＝14＋4＝18(개)

7 (아침에 읽은 쪽수)＋(저녁에 읽은 쪽수)
  ＝23＋25＝48(쪽)

8 ・71＋4＝75   ・10＋60＝70

9 가장 큰 수는 56이고, 가장 작은 수는 22이므로
  합은 56＋22＝78입니다.

10 (감의 수)＋(사과의 수)＝12＋10＝22(개)

11 (사과의 수)＋(배의 수)＝10＋6＝16(개)

12 ・■: 15＋31＝46
  ・▲: 70＋20＝90
  ・●: 40＋9＝49

1 (1) 3

  (2) 방법❶

  방법❷

  例

  / 21

  방법❸ 2, 1

  (3) 21개

1 43   **2** (1) 32 (2) 54

3

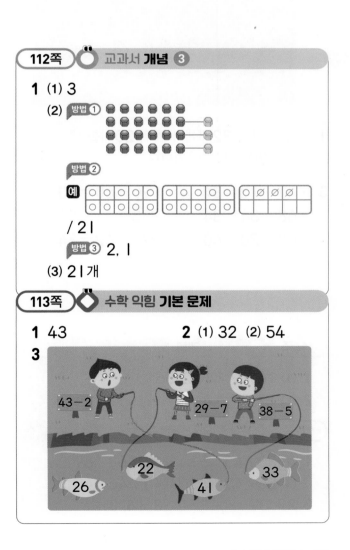

1 빼는 수 **4**만큼 ╱을 그려 보면 남은 아이스크림은 **47−4=43**(개)입니다.

2 (1) **35**와 **3**을 하나씩 비교하면 **32**가 남습니다.
　(2) **56**과 **2**를 하나씩 비교하면 **54**가 남습니다.

3 ·**29−7=22**　　·**38−5=33**

1 (1) 같은 수에 **10**씩 커지는 수를 더하면 합은 **10**씩 커집니다.
　(2) 두 수를 서로 바꾸어 더해도 합은 같습니다.
　(3) 같은 수에서 **10**씩 커지는 수를 빼면 차는 **10**씩 작아집니다.
　(4) 같은 수에서 **1**씩 커지는 수를 빼면 차는 **1**씩 작아집니다.

114쪽 교과서 **개념 ④**

1 (1) **12** (2) **2, 3** (3) **23**개

115쪽 수학 익힘 **기본 문제**

1 **12**　　　　　**2** (1) **40** (2) **55**
3

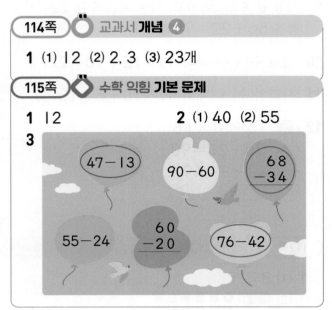

1 방울토마토 **32**개에서 키위 **20**개를 빼면
　32−20=12(개)입니다.

3 ·**47−13=34**　　·**90−60=30**
　·**68−34=34**　　·**55−24=31**
　·**60−20=40**　　·**76−42=34**

116쪽 교과서 **개념 ⑤**

1 (1) **16, 39** (2) **22, 56**
2 (1) **12, 3** (2) **4, 20**

117쪽 수학 익힘 **기본 문제**

1 (1) **33 / 43 / 53** (2) **35 / 69 / 69**
　(3) **55 / 45 / 35** (4) **47 / 46 / 45**
2 **22, 37**　　　　**3** **14, 3**

118~119쪽 교과서 **개념 확인 ✚ 수학 익힘 실력 문제**

1 (1) **41** (2) **54**　　**2** **10, 20**
3

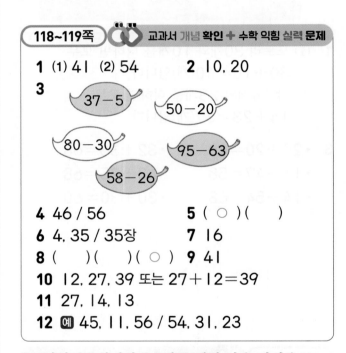

4 **46 / 56**　　　　**5** (○)(　)
6 **4, 35 / 35**장　　**7** **16**
8 (　)(　)(○)　**9** **41**
10 **12, 27, 39** 또는 **27+12=39**
11 **27, 14, 13**
12 예 **45, 11, 56 / 54, 31, 23**

2 달걀 **30**개에서 **10**개를 빼면 남은 달걀은
　30−10=20(개)입니다.

3 ·**37−5=32**　　·**50−20=30**
　·**80−30=50**　　·**95−63=32**
　·**58−26=32**

4 **10**씩 커지는 수에 같은 수를 더하면 합은 **10**씩 커집니다.

5 **10**개씩 묶음의 수끼리, 낱개의 수끼리 줄을 맞추어 계산해야 합니다.

6 (처음에 있던 색종이의 수)−(사용한 색종이의 수)
　=**39−4=35**(장)

7 **29**보다 **13**만큼 더 작은 수는 **29−13=16**입니다.

8

```
   5 6          6 8          9 6
 −   5        − 2 3        − 4 0
   5 1          4 5          5 6
```

9 가장 큰 수는 47이고, 가장 작은 수는 6이므로
차는 47−6=41입니다.

12 ・36+22=58, 54+31=85 등 다양한 덧
셈식이 나올 수 있습니다.
・45−11=34, 36−22=14 등 다양한 뺄
셈식이 나올 수 있습니다.

120~122쪽 🐛 **단원 마무리**

💬 서술형 문제는 풀이를 꼭 확인하세요!

1 27　　　　　　　　　　**2** 10
3 59　　　　　　　　　　**4** (　　)(○)
5 ⦙⤬⦙
6 52 / 62 / 72
7 38 / 37
8

52+4	69−22
41+6	58−2

9 >　　　　　　　　　**10** 46
11 70개　　　　　　　　**12** 90점
13 20
14 15, 4, 19 또는 4+15=19
15 15, 4, 11
16 (　　)(△)(　　)　**17** 21
18 예 56, 21, 77 / 34, 10, 24
💬**19** 29명　　　💬**20** 12개

1 감 24개와 3개를 더하면 모두
24+3=27(개)입니다.

2 십 모형 1개가 남으므로 50−40=10입니다.

4 10개씩 묶음의 수끼리, 낱개의 수끼리 줄을 맞
추어 계산해야 합니다.

5 ・50+7=57　　　・16+43=59
・79−21=58

---

6 같은 수에 10씩 커지는 수를 더하면 합은 10씩
커집니다.

7 1씩 작아지는 수에서 같은 수를 빼면 차는 1씩
작아집니다.

8 ・52+4=56　　　・69−22=47
・41+6=47　　　・58−2=56

9 ・10+40=50　　　・47−3=44

10 34보다 12만큼 더 큰 수는 34+12=46입
니다.

11 (세진이와 예지가 주운 밤의 수)
=40+30=70(개)

12 (윤호가 받은 점수)=95−5=90(점)

13 가장 큰 수는 80이고, 가장 작은 수는 60이므로
차는 80−60=20입니다.

16 ・33+11=44　　　　・57−24=33
・39−5=34

17 47−26=21

18 ・24+3=27, 34+10=44 등 다양한 덧
셈식이 나올 수 있습니다.
・56−21=35, 24−3=21 등 다양한 뺄
셈식이 나올 수 있습니다.

💬**19** ❶ 예 공원에 있던 학생 수와 공원에 더 온 학생
수를 더하면 되므로 17+12를 계산합니다.
❷ 예 공원에 있는 학생은 모두
17+12=29(명)입니다.

채점 기준	
❶ 문제에 알맞은 식 만들기	2점
❷ 공원에 있는 학생 수 구하기	3점

💬**20** ❶ 예 초콜릿의 수에서 과자의 수를 빼면 되므로
25−13을 계산합니다.
❷ 예 초콜릿은 과자보다 25−13=12(개)
더 많습니다.

채점 기준	
❶ 문제에 알맞은 식 만들기	2점
❷ 초콜릿은 과자보다 몇 개 더 많은지 구하기	3점

Basic Book 정답

1. 100까지의 수

2쪽 **1** 60, 70, 80, 90을 알아볼까요

1 70　　　　**2** 60　　　　**3** 90
4 80　　　　**5** 6　　　　**6** 8
7 80 / 팔십　**8** 70 / 일흔　**9** 60 / 육십
10 90 / 아흔

3쪽 **2** 99까지의 수를 알아볼까요

1 58　　　　　　**2** 71
3 85　　　　　　**4** 79
5 64　　　　　　**6** 93
7 62 / 육십이　　**8** 53 / 쉰셋
9 76 / 일흔여섯　**10** 91 / 구십일

4쪽 **3** 수의 순서를 알아볼까요

1 53, 55　　**2** 86, 88　　**3** 63, 65
4 90, 92　　**5** 78, 79　　**6** 99, 100
7 62, 64　　**8** 80, 82　　**9** 71, 73
10 57, 59　**11** 98, 100　**12** 83, 85

5쪽 **4** 수의 크기를 비교해 볼까요

1 <　　　**2** <　　　**3** >
4 >　　　**5** <　　　**6** <
7 <　　　**8** >　　　**9** >
10 <　　**11** >　　**12** <
13 <　　**14** >　　**15** >
16 <

6쪽 **5** 짝수와 홀수를 알아볼까요

1 짝수　　**2** 홀수　　**3** 홀수
4 짝수　　**5** 짝수　　**6** 홀수
7 홀수　　**8** 짝수　　**9** 짝수
10 홀수　**11** 짝수　**12** 짝수

2. 덧셈과 뺄셈(1)

7쪽 **1** 세 수의 덧셈을 해 볼까요

1 6 / (계산 순서대로) 4, 4, 6
2 7 / (계산 순서대로) 6, 6, 7
3 8 / (계산 순서대로) 6, 6, 8
4 9 / (계산 순서대로) 8, 8, 9
5 6　　　　**6** 9　　　　**7** 8
8 7　　　　**9** 9　　　　**10** 8

8쪽 **2** 세 수의 뺄셈을 해 볼까요

1 1 / (계산 순서대로) 4, 4, 1
2 5 / (계산 순서대로) 6, 6, 5
3 1 / (계산 순서대로) 3, 3, 1
4 3 / (계산 순서대로) 7, 7, 3
5 4　　　　**6** 2　　　　**7** 1
8 3　　　　**9** 1　　　　**10** 2

9쪽 **3** 10이 되는 더하기를 해 볼까요

1 10　　　**2** 10　　　**3** 9
4 6　　　**5** 10　　　**6** 10
7 5　　　**8** 6　　　**9** 8
10 3

1 7　　　　**2** 9　　　　**3** 2
4 3　　　　**5** 4　　　　**6** 5
7 1　　　　**8** 7　　　　**9** 6
10 8

1 11　　　　**2** 13　　　　**3** 12
4 11　　　　**5** 12　　　　**6** 15
7 12　　　　**8** 14　　　　**9** 17
10 15　　　**11** 18　　　**12** 19

3. 모양과 시각

1 ○　　　　**2** △　　　　**3** □
4 △　　　　**5** □　　　　**6** ■
7 ▲　　　　**8** ●　　　　**9** ■
10 ●

1 ■　　　　**2** ●　　　　**3** ▲
4 ●　　　　**5** ▲　　　　**6** ○
7 ○　　　　**8** ×　　　　**9** ○
10 ×

1 2개, 1개, 3개　　　　**2** 3개, 3개, 1개
3 4개, 2개, 2개　　　　**4** 4개, 3개, 2개

1 2　　　　　　　　**2** 5
3 9　　　　　　　　**4** 3
5　　　　　　　　　**6**

7　　　　　　　　　**8**

1 8, 30　　　　　　**2** 6, 30
3 11, 30　　　　　　**4** 12, 30
5　　　　　　　　　**6**

7　　　　　　　　　**8**

4. 덧셈과 뺄셈(2)

17쪽 **1** 받아올림이 있는 (몇)＋(몇)을 계산하는 여러 가지 방법을 알아볼까요

1 11   **2** 13   **3** 15
4 11   **5** 11   **6** 13
7 12   **8** 12

18쪽 **2** 받아올림이 있는 (몇)＋(몇)을 계산해 볼까요

1 12   **2** 14   **3** 16
4 11   **5** 12   **6** 13
7 13   **8** 11   **9** 16
10 11   **11** 12   **12** 14
13 15

19쪽 **3** 여러 가지 덧셈을 해 볼까요

1 11 / 12 / 13 / 14   **2** 11 / 12 / 13 / 14
3 16 / 15 / 14 / 13   **4** 14 / 13 / 12 / 11
5 13 / 13 / 13 / 13   **6** 12 / 12 / 15 / 15

20쪽 **4** 받아내림이 있는 (십몇)－(몇)을 계산하는 여러 가지 방법을 알아볼까요

1 3   **2** 9   **3** 9
4 7   **5** 3   **6** 8
7 9   **8** 6

21쪽 **5** 받아내림이 있는 (십몇)－(몇)을 계산해 볼까요

1 10   **2** 6   **3** 7
4 4   **5** 9   **6** 5
7 10   **8** 7   **9** 9
10 5   **11** 10   **12** 9
13 6

22쪽 **6** 여러 가지 뺄셈을 해 볼까요

1 9 / 8 / 7 / 6   **2** 6 / 7 / 8 / 9
3 6 / 7 / 8 / 9   **4** 7 / 6 / 5 / 4
5 7 / 7 / 7 / 7   **6** 8 / 8 / 8 / 8

5. 규칙 찾기

23쪽 **1** 규칙을 찾아볼까요

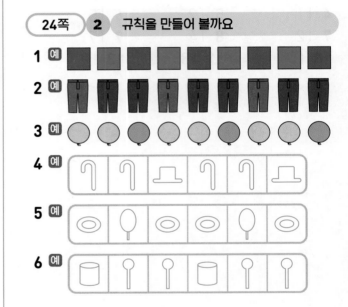

24쪽 **2** 규칙을 만들어 볼까요

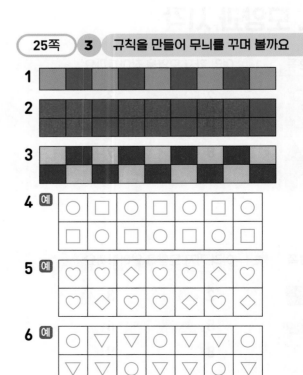

25쪽 **3** 규칙을 만들어 무늬를 꾸며 볼까요

교과서 개념잡기

교과서 내용을 쉽고 빠르게 학습하여 개념을 꽉! 잡아줍니다.

대표전화 1544-0554
주소 경기도 과천시 과천대로2길 54
협의 없는 무단 복제는 법으로 금지되어 있습니다.

교과서
개념
잡기

개·념·드·릴·서

22
개정 새 교육과정

Basic Book

초등 수학

1·2

책 속의 가접 별책 (특허 제 0557442호)

'Basic Book'은 본책에서 쉽게 분리할 수 있도록 제작되었으므로
유통 과정에서 분리될 수 있으나 파본이 아닌 정상제품입니다.

우리는 남다른 상상과 혁신으로
교육 문화의 새로운 전형을 만들어
모든 이의 행복한 경험과 성장에 기여한다

ABOVE IMAGINATION

우리는 남다른 상상과 혁신으로
교육 문화의 새로운 전형을 만들어
모든 이의 행복한 경험과 성장에 기여한다

교과서
개념
잡기

Basic Book

초등 수학

1·2

¹ 60, 70, 80, 90을 알아볼까요

⊕ ☐ 안에 알맞은 수를 써넣으세요.
[1~6]

1 10개씩 묶음 7개는 ☐ 입니다.

2 10개씩 묶음 6개는 ☐ 입니다.

3 10개씩 묶음 9개는 ☐ 입니다.

4 10개씩 묶음 8개는 ☐ 입니다.

5 60은 10개씩 묶음 ☐ 개입니다.

6 80은 10개씩 묶음 ☐ 개입니다.

⊕ 수를 세어 쓰고, 그 수를 바르게 읽은 것에 ◯표 하세요. [7~10]

7
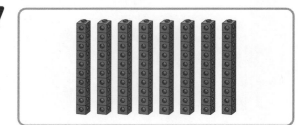

☐ ⇨ (칠십 , 팔십)

8
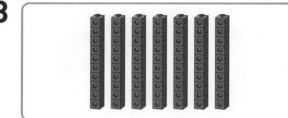

☐ ⇨ (일흔 , 아흔)

9
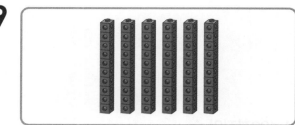

☐ ⇨ (육십 , 구십)

10
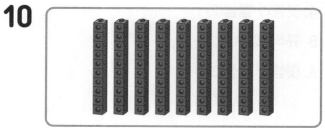

☐ ⇨ (여든 , 아흔)

▶ 정답과 풀이 **24**쪽

2 **99까지의 수를 알아볼까요**

🔍 ☐ 안에 알맞은 수를 써넣으세요.
[1~6]

1 10개씩 묶음 5개와 낱개 8개는
☐ 입니다.

2 10개씩 묶음 7개와 낱개 1개는
☐ 입니다.

3 10개씩 묶음 8개와 낱개 5개는
☐ 입니다.

4 10개씩 묶음 7개와 낱개 9개는
☐ 입니다.

5 10개씩 묶음 6개와 낱개 4개는
☐ 입니다.

6 10개씩 묶음 9개와 낱개 3개는
☐ 입니다.

🔍 수를 세어 쓰고, 그 수를 바르게 읽은
것에 ◯표 하세요. [7~10]

7

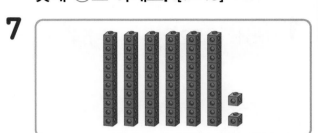

☐ ⇨ (육십이 , 육십삼)

8

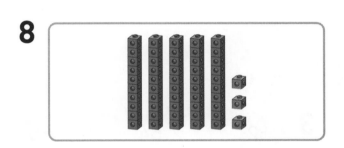

☐ ⇨ (쉰넷 , 쉰셋)

9

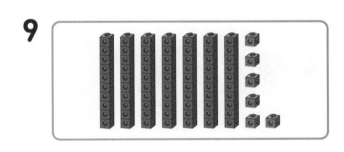

☐ ⇨ (일흔다섯 , 일흔여섯)

10

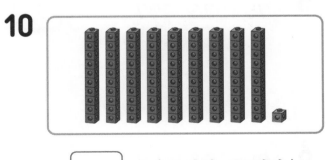

☐ ⇨ (구십일 , 구십삼)

3 수의 순서를 알아볼까요

⊕ 수의 순서대로 빈칸에 알맞은 수를 써넣으세요. [1~6]

1 | 51 | 52 | | 54 | |

2 | 84 | 85 | | 87 | |

3 | 62 | | 64 | | 66 |

4 | 89 | | 91 | | 93 |

5 | 75 | 76 | 77 | | |

6 | 96 | 97 | 98 | | |

⊕ 빈칸에 Ⅰ만큼 더 큰 수와 Ⅰ만큼 더 작은 수를 써넣으세요. [7~12]

7 Ⅰ만큼 더 작은 수 [ ] 63 Ⅰ만큼 더 큰 수 [ ]

8 Ⅰ만큼 더 작은 수 [ ] 81 Ⅰ만큼 더 큰 수 [ ]

9 Ⅰ만큼 더 작은 수 [ ] 72 Ⅰ만큼 더 큰 수 [ ]

10 Ⅰ만큼 더 작은 수 [ ] 58 Ⅰ만큼 더 큰 수 [ ]

11 Ⅰ만큼 더 작은 수 [ ] 99 Ⅰ만큼 더 큰 수 [ ]

12 Ⅰ만큼 더 작은 수 [ ] 84 Ⅰ만큼 더 큰 수 [ ]

▶ 정답과 풀이 **24**쪽

4 **수의 크기를 비교해 볼까요**

🔍 두 수의 크기를 비교하여 ◯ 안에 ＞, ＜를 알맞게 써넣으세요. [1~16]

1 52 ◯ 62

2 69 ◯ 71

3 73 ◯ 70

4 94 ◯ 93

5 85 ◯ 91

6 55 ◯ 87

7 62 ◯ 68

8 83 ◯ 81

9 96 ◯ 78

10 73 ◯ 82

11 65 ◯ 61

12 75 ◯ 79

13 63 ◯ 84

14 61 ◯ 57

15 88 ◯ 85

16 92 ◯ 96

5 짝수와 홀수를 알아볼까요

 짝수인지 홀수인지 ◯표 하세요. [1~12]

1 [4] (짝수 , 홀수)

2 [7] (짝수 , 홀수)

3 [3] (짝수 , 홀수)

4 [6] (짝수 , 홀수)

5 [2] (짝수 , 홀수)

6 [5] (짝수 , 홀수)

7 [11] (짝수 , 홀수)

8 [10] (짝수 , 홀수)

9 [14] (짝수 , 홀수)

10 [19] (짝수 , 홀수)

11 [18] (짝수 , 홀수)

12 [20] (짝수 , 홀수)

▶ 정답과 풀이 **24**쪽

1 세 수의 덧셈을 해 볼까요

🔍 ⬜ 안에 알맞은 수를 써넣으세요. [1~10]

1 $1+3+2=$ ⬜

$1+3=$ ⬜

⬜ $+2=$ ⬜

2 $2+4+1=$ ⬜

$2+4=$ ⬜

⬜ $+1=$ ⬜

3 $1+5+2=$ ⬜

$1+5=$ ⬜

⬜ $+2=$ ⬜

4 $7+1+1=$ ⬜

$7+1=$ ⬜

⬜ $+1=$ ⬜

5 $1+1+4=$ ⬜

6 $6+1+2=$ ⬜

7 $4+2+2=$ ⬜

8 $2+3+2=$ ⬜

9 $3+3+3=$ ⬜

10 $4+1+3=$ ⬜

2 세 수의 뺄셈을 해 볼까요

🔍 ☐ 안에 알맞은 수를 써넣으세요. [1~10]

1 $5-1-3=$ ☐

$5-1=$ ☐

☐ $-3=$ ☐

2 $8-2-1=$ ☐

$8-2=$ ☐

☐ $-1=$ ☐

3 $6-3-2=$ ☐

$6-3=$ ☐

☐ $-2=$ ☐

4 $9-2-4=$ ☐

$9-2=$ ☐

☐ $-4=$ ☐

5 $8-1-3=$ ☐

6 $7-4-1=$ ☐

7 $5-2-2=$ ☐

8 $9-5-1=$ ☐

9 $4-1-2=$ ☐

10 $8-4-2=$ ☐

▶ 정답과 풀이 **24**쪽

3 **10이 되는 더하기를 해 볼까요**

🔍 ☐ 안에 알맞은 수를 써넣으세요. [1~10]

1
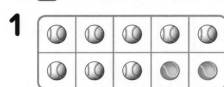

$8+2=$ ☐

2
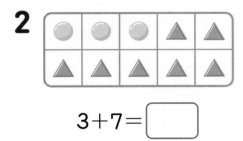

$3+7=$ ☐

3

☐ $+1=10$

4

☐ $+4=10$

5 $1+9=$ ☐

6 $6+4=$ ☐

7 $5+$ ☐ $=10$

8 $4+$ ☐ $=10$

9 ☐ $+2=10$

10 ☐ $+7=10$

4 10에서 빼기를 해 볼까요

🔍 ☐ 안에 알맞은 수를 써넣으세요. [1~10]

1

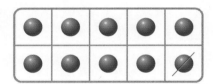

$$10-3=\boxed{}$$

2

$$10-1=\boxed{}$$

3

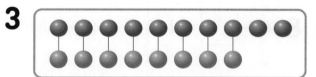

$$10-8=\boxed{}$$

4

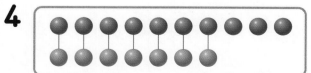

$$10-7=\boxed{}$$

5 $10-6=\boxed{}$

6 $10-5=\boxed{}$

7 $10-9=\boxed{}$

8 $10-3=\boxed{}$

9 $10-4=\boxed{}$

10 $10-2=\boxed{}$

○ 정답과 풀이 **25**쪽

5 10을 만들어 더해 볼까요

안에 알맞은 수를 써넣으세요. [1~12]

1
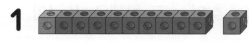

$1+9+1=\boxed{}$

6 $9+1+5=\boxed{}$

7 $7+3+2=\boxed{}$

2

$2+8+3=\boxed{}$

8 $6+4+4=\boxed{}$

3

$5+5+2=\boxed{}$

9 $7+5+5=\boxed{}$

10 $5+3+7=\boxed{}$

4

$1+4+6=\boxed{}$

11 $8+6+4=\boxed{}$

5

$2+7+3=\boxed{}$

12 $9+8+2=\boxed{}$

1 여러 가지 모양을 찾아볼까요

⊕ ■모양에는 □표, ▲모양에는 △표, ●모양에는 ○표 하세요. [1~5]

1

(   )

2

(   )

3

(   )

4

(   )

5

(   )

⊕ 어떤 모양을 모아 놓은 것인지 알맞은 모양을 찾아 ○표 하세요. [6~10]

6

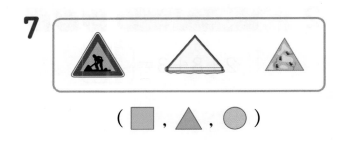

(■ , ▲ , ●)

7

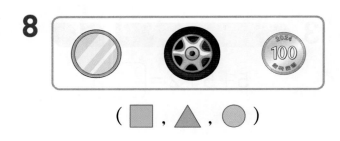

(■ , ▲ , ●)

8

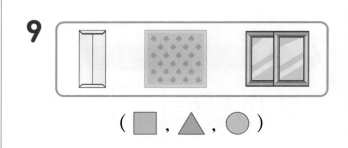

(■ , ▲ , ●)

9

(■ , ▲ , ●)

10

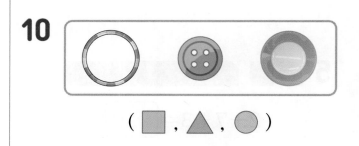

(■ , ▲ , ●)

▶ 정답과 풀이 **25**쪽

② 여러 가지 모양을 알아볼까요

⊕ 그려진 모양으로 알맞은 것을 찾아 ○표 하세요. [1~5]

1

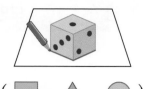

(■ , ▲ , ●)

2

(■ , ▲ , ●)

3

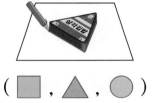

(■ , ▲ , ●)

4

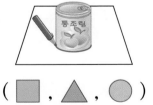

(■ , ▲ , ●)

5

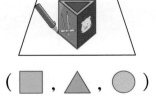

(■ , ▲ , ●)

⊕ 모양에 대한 설명이 맞으면 ○표, 틀리면 ✕표 하세요. [6~10]

6 ■ 모양은 뾰족한 부분이 네 군데 있습니다. (   )

7 ▲ 모양은 곧은 선이 있습니다. (   )

8 ● 모양은 뾰족한 부분이 두 군데 있습니다. (   )

9 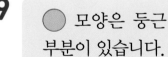 모양은 둥근 부분이 있습니다. (   )

10 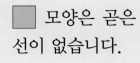 모양은 곧은 선이 없습니다. (   )

3 여러 가지 모양으로 꾸며 볼까요

⊕ ■, ▲, ● 모양이 각각 몇 개 있는지 세어 보세요. [1~4]

1

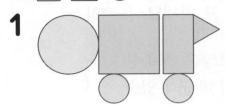

■ 모양	▲ 모양	● 모양

2

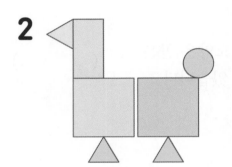

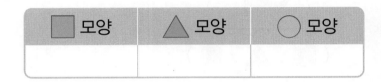

■ 모양	▲ 모양	● 모양

3

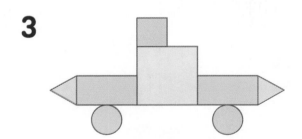

■ 모양	▲ 모양	● 모양

4

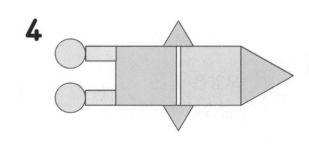

■ 모양	▲ 모양	● 모양

▶ 정답과 풀이 **25**쪽

4 **몇 시를 알아볼까요**

🔍 몇 시인지 써 보세요. [1~4]

1

 시

2

 시

3

 시

4

 시

🔍 시계에 몇 시를 나타내 보세요. [5~8]

5 6시

6 4시

7 11시

8 8시

5 몇 시 30분을 알아볼까요

🔍 몇 시 30분인지 써 보세요. [1~4]

🔍 시계에 시각을 나타내 보세요. [5~8]

1

[　] 시 [　] 분

2

[　] 시 [　] 분

3

[　] 시 [　] 분

4

[　] 시 [　] 분

5 3시 30분

6 1시 30분

7 9시 30분

8 7시 30분

▶ 정답과 풀이 **26**쪽

1 받아올림이 있는 (몇)＋(몇)을
계산하는 여러 가지 방법을 알아볼까요

🔍 그림을 보고 덧셈을 해 보세요. [1~8]

1

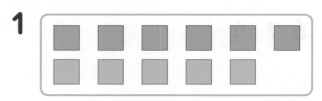

6＋5＝ ☐

2

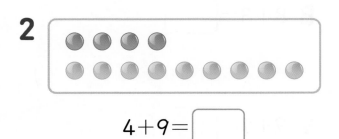

4＋9＝ ☐

3

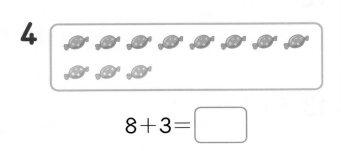

7＋8＝ ☐

4

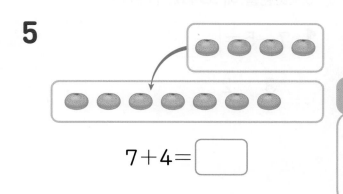

8＋3＝ ☐

5

7＋4＝ ☐

6

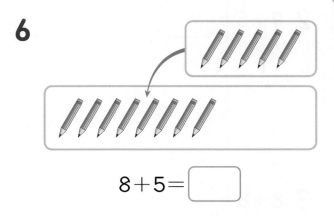

8＋5＝ ☐

7

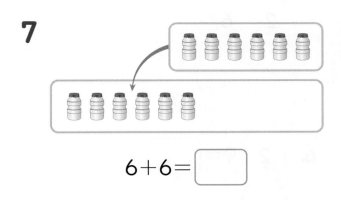

6＋6＝ ☐

8

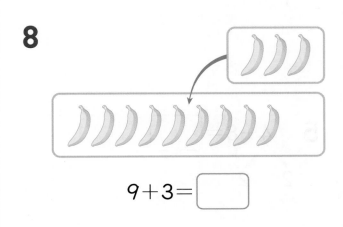

9＋3＝ ☐

2 받아올림이 있는 (몇)+(몇)을 계산해 볼까요

⊕ 덧셈을 해 보세요. [1~13]

1 $7+5=$ ☐

     3   2

2 $9+5=$ ☐

     1   4

3 $8+8=$ ☐

     2   6

4 $2+9=$ ☐

     1   1

5 $4+8=$ ☐

     2   2

6 $7+6=$ ☐

7 $9+4=$ ☐

8 $8+3=$ ☐

9 $9+7=$ ☐

10 $4+7=$ ☐

11 $3+9=$ ☐

12 $6+8=$ ☐

13 $8+7=$ ☐

▶ 정답과 풀이 26쪽

3 **여러 가지 덧셈을 해 볼까요**

⊕ 덧셈을 해 보세요. [1~6]

1 $5+6=\boxed{}$

 $5+7=\boxed{}$

 $5+8=\boxed{}$

 $5+9=\boxed{}$

4 $6+8=\boxed{}$

 $5+8=\boxed{}$

 $4+8=\boxed{}$

 $3+8=\boxed{}$

2 $7+4=\boxed{}$

 $7+5=\boxed{}$

 $7+6=\boxed{}$

 $7+7=\boxed{}$

5 $6+7=\boxed{}$

 $7+6=\boxed{}$

 $8+5=\boxed{}$

 $9+4=\boxed{}$

3 $7+9=\boxed{}$

 $6+9=\boxed{}$

 $5+9=\boxed{}$

 $4+9=\boxed{}$

6 $9+3=\boxed{}$

 $3+9=\boxed{}$

 $8+7=\boxed{}$

 $7+8=\boxed{}$

4

덧셈과 뺄셈(2)

4 받아내림이 있는 (십몇) − (몇)을 계산하는 여러 가지 방법을 알아볼까요

🔍 그림을 보고 뺄셈을 해 보세요. [1~8]

1

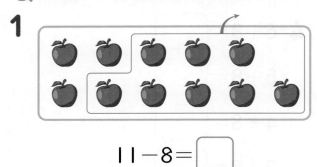

$$11-8=\boxed{}$$

2

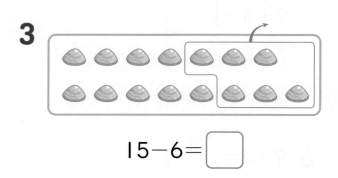

$$14-5=\boxed{}$$

3

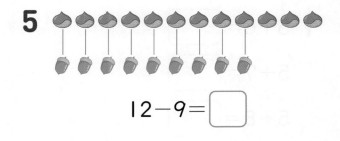

$$15-6=\boxed{}$$

4

$$16-9=\boxed{}$$

5

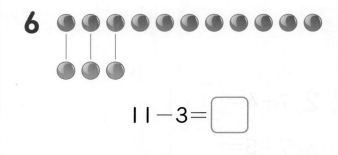

$$12-9=\boxed{}$$

6

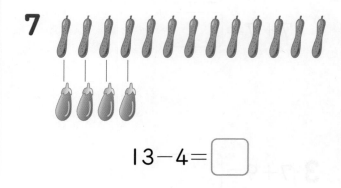

$$11-3=\boxed{}$$

7

$$13-4=\boxed{}$$

8

$$12-6=\boxed{}$$

▶ 정답과 풀이 **26**쪽

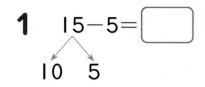

5 **받아내림이 있는 (십몇)−(몇)을 계산해 볼까요**

🔍 뺄셈을 해 보세요. [1~13]

1 $15-5=\boxed{}$

10 5

2 $14-8=\boxed{}$

4 4

3 $16-9=\boxed{}$

6 3

4 $12-8=\boxed{}$

10 2

5 $16-7=\boxed{}$

10 6

6 $12-7=\boxed{}$

7 $17-7=\boxed{}$

8 $11-4=\boxed{}$

9 $16-7=\boxed{}$

10 $14-9=\boxed{}$

11 $11-1=\boxed{}$

12 $18-9=\boxed{}$

13 $11-5=\boxed{}$

4

덧셈과 뺄셈(2)

6 **여러 가지 뺄셈을 해 볼까요**

⊕ 뺄셈을 해 보세요. [1~6]

1 12−3=☐
　12−4=☐
　12−5=☐
　12−6=☐

4 14−7=☐
　13−7=☐
　12−7=☐
　11−7=☐

2 15−9=☐
　15−8=☐
　15−7=☐
　15−6=☐

5 11−4=☐
　12−5=☐
　13−6=☐
　14−7=☐

3 14−8=☐
　15−8=☐
　16−8=☐
　17−8=☐

6 16−8=☐
　15−7=☐
　14−6=☐
　13−5=☐

1 규칙을 찾아볼까요

▶ 정답과 풀이 26쪽

🔍 규칙에 따라 빈칸에 알맞은 것에 ◯표 하세요. [1~3]

1

(🏀 , ⚽)

2

(🍊 , 🍓)

3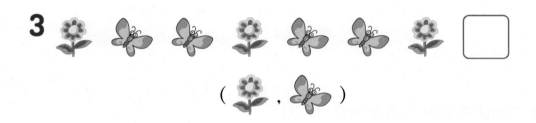

(🌼 , 🦋)

🔍 규칙에 따라 빈 곳에 알맞은 색을 칠해 보세요. [4~6]

4

5

6

2 규칙을 만들어 볼까요

규칙을 만들어 색칠해 보세요. [1~3]

1

2
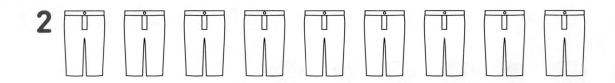

3
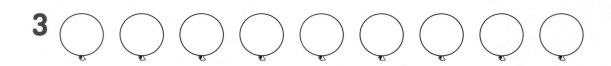

주어진 물건으로 규칙을 만들어 그려 보세요. [4~6]

4 지팡이(🦯), 모자(🎩)

5 도넛(◯), 핫도그(🌭)

6 컵(🥛), 숟가락(🥄)
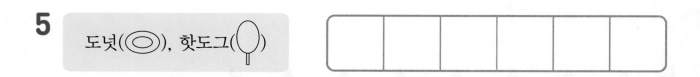

○ 정답과 풀이 **26**쪽

3 **규칙을 만들어 무늬를 꾸며 볼까요**

🔍 규칙에 따라 빈칸에 알맞은 색을 칠해 보세요. [1~3]

1

2

3
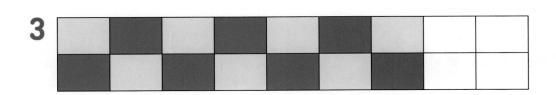

🔍 주어진 모양으로 규칙을 만들어 무늬를 꾸며 보세요. [4~6]

4
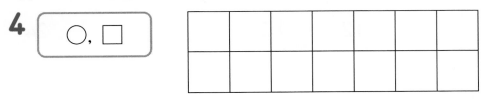

5
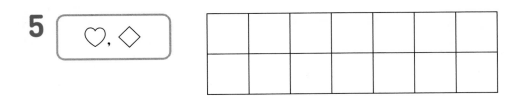

6
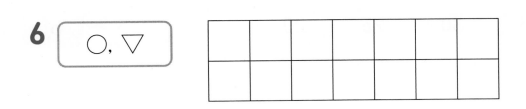

4 수 배열에서 규칙을 찾아볼까요

🔍 규칙에 따라 빈칸에 알맞은 수를 써넣으세요. [1~6]

1 3 — 6 — 3 — 6 — 3 — 6 — ☐ — ☐

2 7 — 1 — 1 — 7 — 1 — 1 — ☐ — ☐

3 1 — 3 — 5 — 7 — 9 — 11 — ☐ — ☐

4 3 — 6 — 9 — 12 — 15 — ☐ — ☐ — 24

5 10 — 9 — 8 — 7 — 6 — 5 — ☐ — ☐

6 40 — 35 — 30 — 25 — 20 — ☐ — ☐ — 5

▶ 정답과 풀이 **27**쪽

5 수 배열표에서 규칙을 찾아볼까요

🔍 수 배열표를 보고 ☐ 안에 알맞은 수를 써넣으세요. [1~2]

1	2	3	4	5	6	7	8	9	10
11	12	13	14	15	16	17	18	19	20
21	22	23	24	25	26	27	28	29	30
31	32	33	34	35	36	37	38	39	40
41	42	43	44	45	46	47	48	49	50
51	52	53	54	55	56	57	58	59	60

1 ☐에 있는 수는 31부터 시작하여 → 방향으로 ☐씩 커지는 규칙입니다.

2 색칠한 수는 1부터 시작하여 ☐씩 커지는 규칙입니다.

🔍 수 배열표를 보고 ☐ 안에 알맞은 수를 써넣으세요. [3~4]

61	62	63	64	65	66	67	68	69	70
71	72	73	74	75	76	77	78	79	80
81	82	83	84	85	86	87	88	89	90
91	92	93	94	95	96	97	98	99	100

3 ☐에 있는 수는 66부터 시작하여 ↓ 방향으로 ☐씩 커지는 규칙입니다.

4 색칠한 수는 61부터 시작하여 ☐씩 커지는 규칙입니다.

6 규칙을 여러 가지 방법으로 나타내 볼까요

🔍 규칙에 따라 빈칸에 알맞은 모양으로 나타내 보세요. [1~3]

1

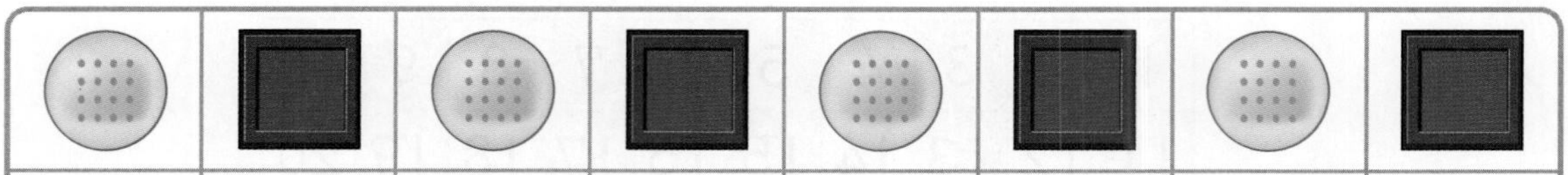

| ○ | □ | ○ | □ | ○ | □ | | |

2

| △ | ○ | ○ | △ | ○ | ○ | | |

3

| □ | □ | ○ | □ | □ | | | |

🔍 규칙에 따라 빈칸에 알맞은 수로 나타내 보세요. [4~6]

4

| 4 | 2 | 4 | 2 | 4 | 2 | | |

5

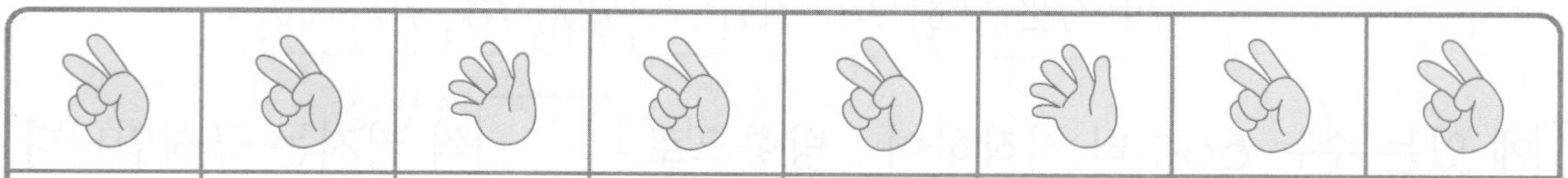

| 2 | 2 | 5 | 2 | 2 | | | |

6

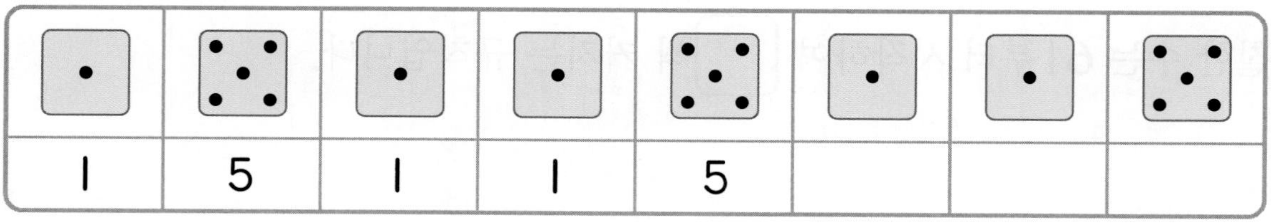

| l | 5 | l | l | 5 | | | |

▶ 정답과 풀이 27쪽

1 받아올림이 없는 (몇십몇)＋(몇)을
계산하는 여러 가지 방법을 알아볼까요

🔍 덧셈을 해 보세요. [1~14]

1 20＋2= ☐

2 30＋5= ☐

3 53＋4= ☐

4 6＋40= ☐

5 36＋2= ☐

6 42＋3= ☐

7 64＋5= ☐

8 4＋72= ☐

9 61＋7= ☐

10 20＋4= ☐

11 81＋8= ☐

12 3＋83= ☐

13 95＋2= ☐

14 41＋6= ☐

2 받아올림이 없는 (몇십)＋(몇십), (몇십몇)＋(몇십몇)을 알아볼까요

🔍 덧셈을 해 보세요. [1~12]

1 $50+30=$ ☐

2 $40+40=$ ☐

3 $10+60=$ ☐

4 $69+20=$ ☐

5 $42+17=$ ☐

6 $53+41=$ ☐

7
$$\begin{array}{r} 8\ 0 \\ +\ 1\ 0 \\ \hline \end{array}$$
☐

8
$$\begin{array}{r} 3\ 0 \\ +\ 6\ 0 \\ \hline \end{array}$$
☐

9
$$\begin{array}{r} 3\ 0 \\ +\ 4\ 8 \\ \hline \end{array}$$
☐

10
$$\begin{array}{r} 7\ 0 \\ +\ 1\ 9 \\ \hline \end{array}$$
☐

11
$$\begin{array}{r} 5\ 4 \\ +\ 1\ 2 \\ \hline \end{array}$$
☐

12
$$\begin{array}{r} 3\ 3 \\ +\ 2\ 5 \\ \hline \end{array}$$
☐

▶ 정답과 풀이 **27쪽**

3 받아내림이 없는 (몇십몇) − (몇)을
계산하는 여러 가지 방법을 알아볼까요

🔍 뺄셈을 해 보세요. [1~14]

1 25 − 4 = ▢

2 47 − 2 = ▢

3 34 − 3 = ▢

4 58 − 5 = ▢

5 86 − 4 = ▢

6 79 − 7 = ▢

7 83 − 1 = ▢

8 48 − 4 = ▢

9 39 − 5 = ▢

10 26 − 3 = ▢

11 57 − 4 = ▢

12 85 − 5 = ▢

13 67 − 6 = ▢

14 94 − 2 = ▢

6

덧셈과 뺄셈(3)

4 받아내림이 없는 (몇십)−(몇십), (몇십몇)−(몇십몇)을 알아볼까요

🔍 뺄셈을 해 보세요. [1~12]

1 50−10= ☐

2 90−20= ☐

3 40−30= ☐

4 28−10= ☐

5 84−52= ☐

6 36−23= ☐

7
$$\begin{array}{r} 8\ 0 \\ -\ 4\ 0 \\ \hline \end{array}$$
☐

8
$$\begin{array}{r} 7\ 0 \\ -\ 5\ 0 \\ \hline \end{array}$$
☐

9
$$\begin{array}{r} 9\ 9 \\ -\ 5\ 0 \\ \hline \end{array}$$
☐

10
$$\begin{array}{r} 5\ 6 \\ -\ 2\ 1 \\ \hline \end{array}$$
☐

11
$$\begin{array}{r} 3\ 9 \\ -\ 1\ 4 \\ \hline \end{array}$$
☐

12
$$\begin{array}{r} 6\ 7 \\ -\ 3\ 2 \\ \hline \end{array}$$
☐

5 **덧셈과 뺄셈을 해 볼까요**

⊕ 그림을 보고 덧셈식으로 나타내 보세요.
[1~4]

⊕ 그림을 보고 뺄셈식으로 나타내 보세요.
[5~8]

1

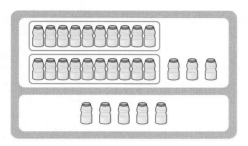

$23 + \boxed{} = \boxed{}$

2

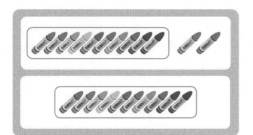

$12 + \boxed{} = \boxed{}$

3

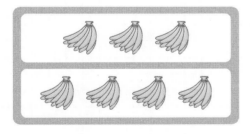

$30 + \boxed{} = \boxed{}$

4

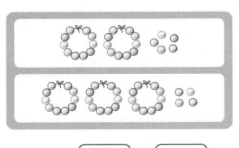

$25 + \boxed{} = \boxed{}$

5

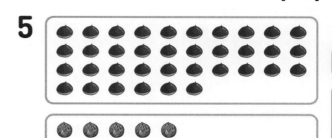

$36 - \boxed{} = \boxed{}$

6

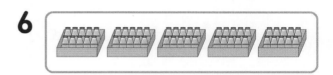

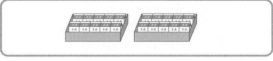

$50 - \boxed{} = \boxed{}$

7

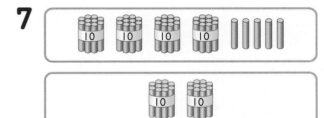

$45 - \boxed{} = \boxed{}$

8

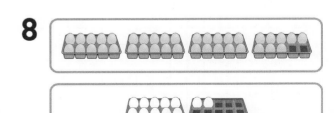

$38 - \boxed{} = \boxed{}$

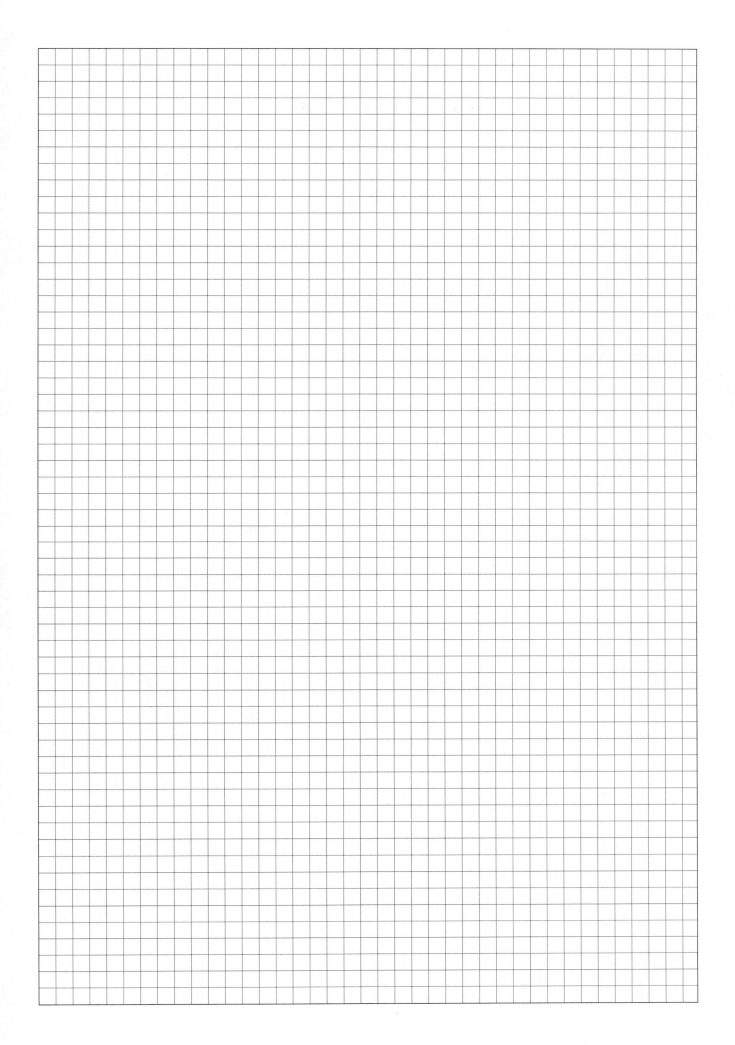

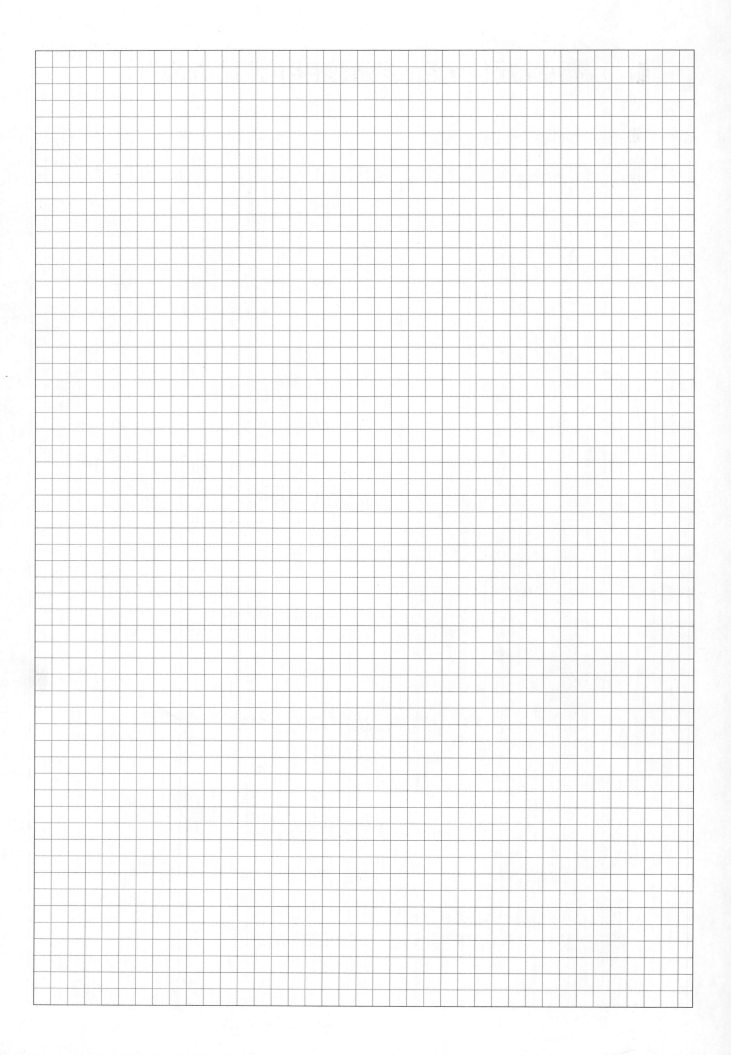

교과서 개념 잡기

교과서 내용을 쉽고 빠르게 학습하여 개념을 꽉! 잡아줍니다.

대표전화 1544-0554
주소 경기도 과천시 과천대로2길 54
협의 없는 무단 복제는 법으로 금지되어 있습니다.